喜阅奇迹
MIRACLEMAKING

# 我的第一本
# 绅士穿搭书

[法] 伊丽莎白·杰姆斯 埃蒂安·毕伍 ◎ 著 杨晓梅 ◎ 译

台海出版社

**图书在版编目（CIP）数据**

我的第一本绅士穿搭书 / (法) 伊丽莎白 · 杰姆斯, (法) 埃蒂安 · 毕伍著 ; 杨晓梅译. -- 北京 : 台海出版社, 2019.12

ISBN 978-7-5168-2421-4

Ⅰ.①我… Ⅱ.①伊… ②埃… ③杨… Ⅲ.①男服—西服—服饰美学 Ⅳ.①TS973.4

中国版本图书馆CIP数据核字(2019)第220744号

著作权合同登记号：01-2019-4602

Original French title: Élégant en toutes occasions

Simplified Chinese edition arranged through Dakai – L' agence

**我的第一本绅士穿搭书**

著者：（法）伊丽莎白 · 杰姆斯；埃蒂安 · 毕伍　　译者：杨晓梅

责任编辑：俞滟荣　　策划编辑：史　倩
责任印制：蔡　旭　　封面设计：格 · 创研社

出版发行：台海出版社
地　　址：北京市东城区景山东街 20号　　邮政编码：100009
电　　话：010 -64041652（发行，邮购）
传　　真：010 -84045799（总编室）
网　　址：www.taimeng.org.cn/thcbs/default.htm
E-mail：thcbs@126.com

经　　销：全国各地新华书店
印　　刷：北京美图印务有限公司
本书如有破损、缺页、装订错误，请与本社联系调换

开　　本：710mm × 1000mm　　1/16
字　　数：130千字　　印　　张：8
版　　次：2019年12月第1版　　印　　次：2019年12月第1次印刷
书　　号：ISBN 978-7-5168-2421-4

定　　价：68.00元

感谢一直支持我的父母。

——伊丽莎白·杰姆斯

感谢祖父让给我灵感，父亲菲利普给我支持，

未婚妻吕茜尔给我陪伴。

——埃蒂安·毕伍

# 目 录

# 前言

你看，绅士身上总散发着优雅。其实，优雅既非义务，也不是最终目的。它是一种方法，是表现一个人独特气质与品味的方法。每位男性都有优雅的权利。优雅的奥义在于让你更好：表现你的性格，强调你的优势，赢得别人的信任，体现事件的意义，代表你的职业，吸引你的同类——或者更简单地说：让自己时刻感到舒服自在、神采奕奕。

不过，优雅也意味着要遵循一套规则，一套随不同场景（职场、外出、结婚、旅行……）而变化的规则。为了让优雅不流于俗套，其中的门道通常都秘而不宣。男性之间隐约的竞争状态让他们不会彼此分享太多，因为谁也不想拱手让出与众不同的机会。

当然，这样的状态到此为止。在这个对着装越来越苛刻、越来越重视的世界，我们是时候要公开那些方法与秘密了，让所有人都可以避免风格上的失误，随时保持服装得体、合宜，让气度更上一层楼。在这场对优雅的追寻中，一位真正的现代绅士同意走到我们面前示范。他就是：乔治先生——每时每刻定制优雅的典范男人。

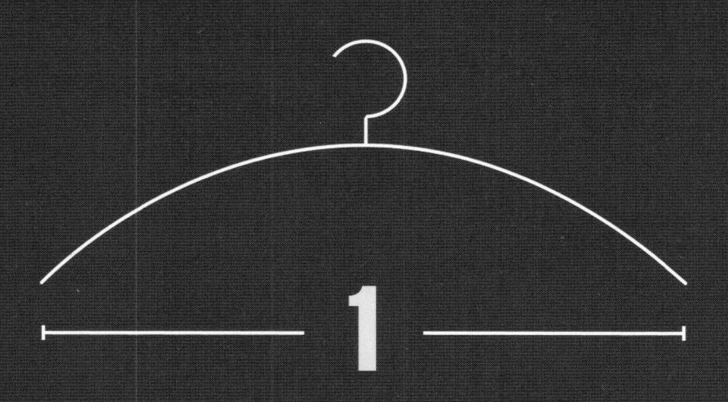

# 1

# 优雅男士的购物经

为什么同样是西装（成套的外套与长裤，加上衬衫、领带、皮鞋），有些男人穿起来却格外优雅，让我们一眼就能从人群中注意到？

其中的关键在于微妙的区别：优雅男士的服装都是精心之选，质量上乘，完全合身，单品与单品之间搭配协调。

在追求优雅风度的道路上，第一步便是：好好买，打造出一个能彻底满足你日常生活的衣橱。这一章节将帮助你了解服装的剪裁、色彩与材质，唤醒你体内沉睡的雅痞之魂。

“是啊，衣服总是在讨好你；
优雅的不是我，而是我的西装。”
——马瑟·巴纽[1]

[1] 马瑟·巴纽（Marcel Pagnol，1895-1974），法国剧作家、小说家、电影导演。

# 选购西装

一套西装包含了外套与长裤，有时还有马甲，通常是用同样的面料制作。西装在男装中占有举足轻重的地位，极具象征意义。它的历史与所承载的概念让它得以陪伴男性经历个人与职场生活的每一个重要时刻。作为男性衣橱里风格最鲜明的服装，西装决定了一套着装的基础气质，所以我们对它需要格外重视。了解西装的一些基本知识能让你买到好西装，让外表更亮眼。同时，西装是不会过时的经典，可以常驻衣橱。

将西装一字排开，每一套看上去都很类似。外套与长裤的剪裁类似，低调的色彩也类似——很难一眼将它们区别开。不过，不同款式的西装其实可以彻底改变你的气质。面对琳琅满目的西装，摆在你面前的选择有两个：第一是一一试穿，花时间找出最合适的；第二是培养眼光，了解标准，快速筛选出属于你的西装。

第一种选择要求你具备极大的勇气与耐心。第二种，你只需了解什么样的面料、剪裁、色彩与服装细节最适合你——当然了，还有价格！

## 面料

它是最重要的一点，决定了一件服装的特性。通常来说，天然材质肯定是最好的。除了更环保，它们也更亲肤、舒适、美丽。可是，我们该如何了解一套西装里使用了哪些面料呢？很简单：找出它的标签！

- 外套的标签一般位于内袋处或背部。
- 西裤的标签一般位于腰部内侧。

阅读标签花不了多少时间，也不会让你被销售人员或其他顾客当作莫名其妙的怪人。

| 常见面料指南 | | |
|---|---|---|
| **材质** | **优点** | **不足** |
| **天然材料** | | |
| 羊毛（绵羊） | 优雅自然。<br>透气性好，是最棒的“控温器”。<br>必备品。 | 无——假如无视优质羊毛的价格。 |
| 麻 | 夏天的气息。<br>凉爽透气。<br>可机洗。 | 容易皱，且这一点基本没救。 |
| 棉 | 休闲风。比麻更保暖，也可以机洗。 | 容易皱，但比麻布要好一些。 |
| **合成材料** | | |
| 涤纶、尼龙 | 耐穿，不易皱。<br>价格低廉（这多少是个优点，至少最初是）。 | 触感粗糙。<br>不透气。<br>控温能力差。 |
| 氨纶 | 少量添加就可以让布料柔软。 | |
| **昂贵的材料，在羊毛中添加——** | | |
| 马海毛（安哥拉山羊） | 为羊毛增添些微光泽感。<br>提升保暖与弹性表现，不易皱。 | 贵。<br>注意光泽感的度，别太过了！<br>很难保养。 |
| 开司米（克什米尔山羊） | 让羊毛的柔软度升级（适合皮肤敏感的人士）。 | 剁手程度的贵。<br>很难保养。 |
| 羊驼毛（小骆驼） | 超级柔软、轻盈。<br>很耐穿，但一般这点也无法验证…… | 剁掉另一只手程度的贵。<br>很难保养。 |

衬里的质量通常与外边的面料是一个等级。对于价格平易近人的西装，衬里通常是涤纶材质，而更高级一些的则会用粘胶纤维。这种材料更透气、舒适（最初是用植物制作，现在是合成的），当然也更贵。

**注意事项**

请尽量避免涤纶内衬的长裤。夏天会很热，除非你想体验穿风衣跑马拉松的“酸爽”。

## 羊毛的不同类型

如果你已经在不同面料里挑花了眼，那么一套百分之百纯羊毛的西装是你最好最简单的选择。羊毛分为好几个种类：

**细羊毛：**最常见的材质，各个季节都可穿着，舒适度满分，适合各种场合：上班、约会甚至是婚礼！

**粗花呢：**这是一种厚毛料，以粗犷的气质闻名。要制作出这样的面料，需用到保存了部分动物油脂（羊毛粗脂）的梳理羊毛。这种面料耐穿、保暖，风格独特，是周末度假或狩猎的完美装扮。

**法兰绒：**它有一种绒布的质感，摸上去非常绵柔。这种料子使用了通过不断摩擦来消除织造痕迹的制造工艺。它保暖性高，冬天必备。注意，法兰绒也有纯棉质地的，但跟羊毛的是两码事。

- **衣服标签上的“支/Super ……'s”代表什么？**

这个数字指的是面料制造中添加羊毛的纤维细度。举个例子，1公斤的120支／Super 120's羊毛可以纺出总长度120千米的毛线。该项标准由国际羊毛纺织品组织（IWTO）制定。

| 羊毛纤维细度 | | | | | | | | | |
|---|---|---|---|---|---|---|---|---|---|
| 标准 | Super 80's | Super 90's | Super 100's | Super 110's | Super 120's | Super 130's | Super 140's | Super 150's | Super 160's |
| 纤维直径 | 19.75 μm | 19.25 μm | 18.75 μm | 18.25 μm | 17.75 μm | 17.25 μm | 16.75 μm | 16.25 μm | 15.75 μm |
| 用途 | 日常使用 | | | | 重要场合 | | | | |

**想体验更奢华的面料？**

可以尝试小羊驼毛，原材料来自一种生活在安第斯山脉的骆驼科动物。这种毛非常细（直径12μm，即12微米），柔软程度无可匹敌。小羊驼的毛生长速度很缓慢，三年才能剪一次，这也让该面料的价格更加高昂。

## 剪裁

如果说一套西装的基本特点由面料决定，那么剪裁则主宰了它的风格与使用场合。了解一些小知识能帮助你尽快挑出最适合的款式。

### ● 外套

西装外套的风格受好几个元素影响，但纽扣部分的设计决定了它的基本用途。

**单粒扣**

它的灵感来自吸烟装（smoking，又叫无尾礼服 / tuxedo）这类晚宴服装，可以给人带来休闲与活力的感觉。

**双粒扣**

基本款，适合所有场合：是人生中第一套西装的最佳选择。

**三粒扣**

给人感觉更正式、更严谨。

**双排扣**

曾在1930-1950年间流行，如今又再度回潮。对于走英式雅痞风或高级主管风的人来说，这类设计绝对不能错过！

### ● 西裤

相较于外套而言，西裤剪裁上的变化要少得多。不过，细节处的微妙差异还是会让整体风格有所改变。与从前比，如今的剪裁更加强调修身，可以让整体造型更富有活力。

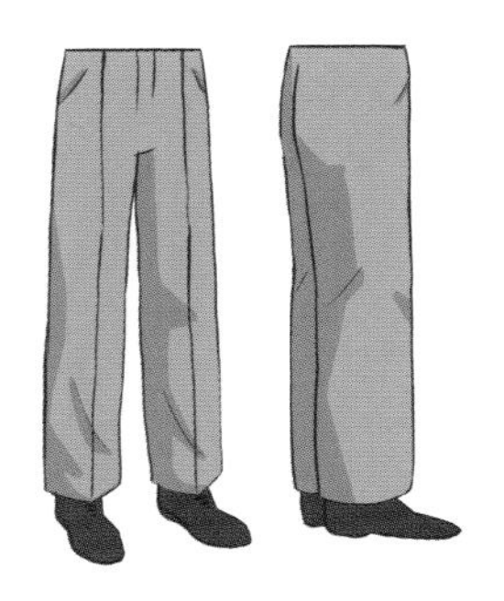

经典直筒剪裁

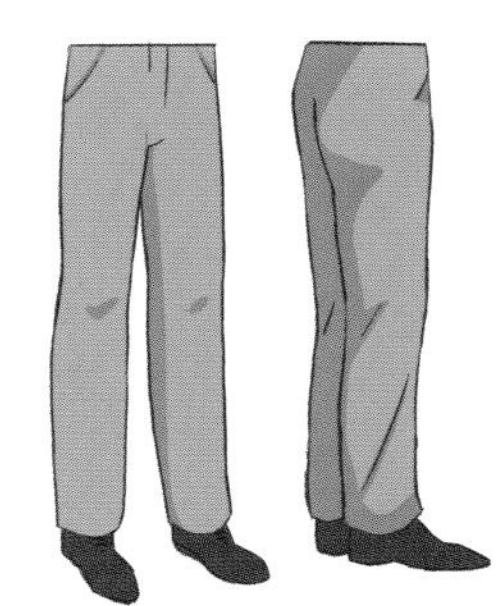

现代修身剪裁

## 关注细节

西装上的很多小细节让它可以呈现各种不同的组合与变化。对有些人来说，这样的变化可以充分表达他们的个人特质；不过对另一些人来说，只是让他们在挑选时更加无从下手罢了。

在这里，我们整理了一些概念，帮助你确定自己的西装“阵营”。

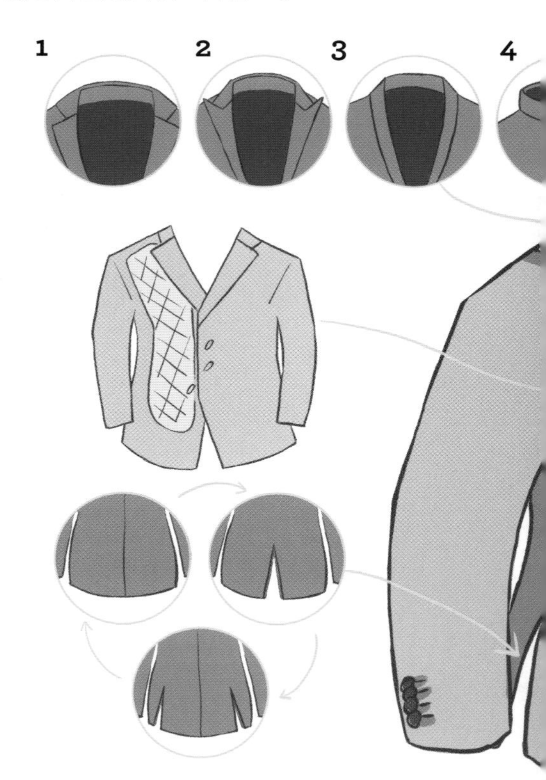


**领型**

**1.平驳领：**最常见的领型，适合所有款式与所有场合。
**2.戗驳领：**适合双排扣西装或礼服。
**3.青果领：**让服装的气质更温和，如无尾礼服这类。
**4.中式立领（中山装，领子处有系扣设计）：**东方，低调。

**外套里衬**

在西装的面料与内里间还有一层里衬，用来增加外套的挺阔感。平价西装的里衬是粘上去的，也叫“粘合衬”。高档西装的里衬是天然材质，更加轻盈。半衬则结合了手工与粘合两种工艺，是性价比很高的选择。

**开衩**

西装上的开衩可以让你穿着时活动更自如。双开衩带来的自由度更高，单开衩的效果也不错。无开衩则是典礼服装的标志，如无尾礼服。

西装内里部分不妨多一点浪漫与幻想。只有当你走路或脱下外套时，大家才能窥探到一点点。不过，不要选太鲜艳的颜色，它们只允许出现在运动服上。

## 设计

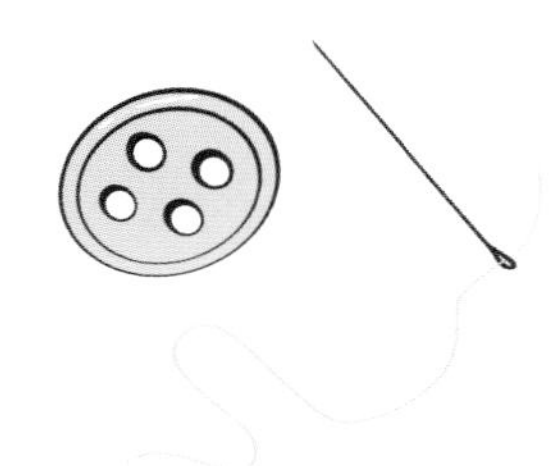

西装上的许多细节都可以做个人化的定制。从工业流水线生产的平价西装（标准尺码）到手工定制的高级西装（如第二层皮肤般贴合），都可以给你不同的选择。

- **成衣：**基于标准图样来设计，因此可以大规模批量制作。它提供的改动空间有限，但适应绝大部分人的体型。这种西装可以被快速、便宜地购买到，因此是市面上最常见的类型。

- **半定制：**基于设计好的图样来制作，但面料的选择更多，也会更贴合你的体型。归根结底，它还是根据成品图样，制作过程依然是工业化的。

- **小定制：**与半定制一样，但一部分工作是手工完成，并不是百分之百工业化。

- **大定制（bespoke）：**完全根据你身体的各项尺寸来手工制作，有经验的裁缝才能完成。它使用的打板图样是独一无二的。制作时会考虑到所选面料的特性，在款式、扣眼、驳领、口袋等诸多细节上都会依据你的喜好。这样的西装一般需要50个小时的制作时间，并且要试穿好几次，通常必须等待数周才可以拿到。它就像婚纱一样，要求你的体重不能一下增长或减少太多。选了它，你就得好好保持身材！

### 什么是Drop？

Drop（深）指的是外套与裤子间的尺寸差异。举个例子，48号、Drop6的外套，那么裤子尺码就是42。Drop确定了西装的基本轮廓与购买者的基本体型。虽然每个人身型不同，但我们都有优雅的权利。有些品牌的西装只有单一Drop选择，真的搞不清厂商们到底在想什么……

## 挑选合适的尺码

选定喜欢的西装款式后，接下来要确定的事非常重要：尺码！你了解自己身体的各项尺寸吗？如果不了解，请准备好皮尺，让别人帮助你。量体时要站直，不要深呼吸挺起胸膛。用皮尺测量时注意不要拉得太紧。

**● 外套**

**胸围：**皮尺绕上半身胸肌下沿处一圈。

| 外套尺码指南 | | | | | | | | | |
|---|---|---|---|---|---|---|---|---|---|
| 胸围 | 80/84 | 84/88 | 88/92 | 92/96 | 96/100 | 100/104 | 104/108 | 108/112 | 112/116 |
| 法 / 欧码 | 40 | 42 | 44 | 46 | 48 | 50 | 52 | 54 | 56 |
| 英 / 美码 | 30 | 32 | 34 | 36 | 38 | 40 | 42 | 44 | 46 |

如果你的体型介于两个尺码之间，两套都可以试穿一下，看哪件更适合你。

**● 裤子**

**腰围：**皮尺只要在平常皮带所在处围一圈即可。

**臀围：**皮尺要测量腰部下方、臀部最宽的地方。

| 裤子尺码指南 | | | | | | | | | |
|---|---|---|---|---|---|---|---|---|---|
| 腰围 | 72/76 | 76/80 | 80/84 | 84/88 | 88/92 | 92/96 | 96/100 | 100/104 | 104/108 |
| 胸围 | 86/90 | 90/94 | 94/98 | 98/102 | 102/106 | 106/110 | 110/114 | 114/118 | 118/122 |
| 法 / 欧码 | 36 | 38 | 40 | 42 | 44 | 46 | 48 | 50 | 52 |
| 英 / 美码 | 26 | 28 | 30 | 32 | 34 | 36 | 38 | 40 | 42 |

若腰围与臀围对应的尺码不同，则以更大的为准。

这些围度数值只是指导性的。不同品牌之间的尺码并不完全一样。因此，不要想一劳永逸，试穿永远是必要环节。不过，了解自己的尺码还是能为你节省不少时间。

# 成功的试穿

一次成功的西装试穿要求你提前穿上长袖衬衫与皮鞋。首先选择最符合你尺码的西装。如果不适合，再试穿大一码或小一码，直到找到最合身的，这样就不必做太多繁琐又昂贵的修改。以下是西装试穿时要注意的地方：

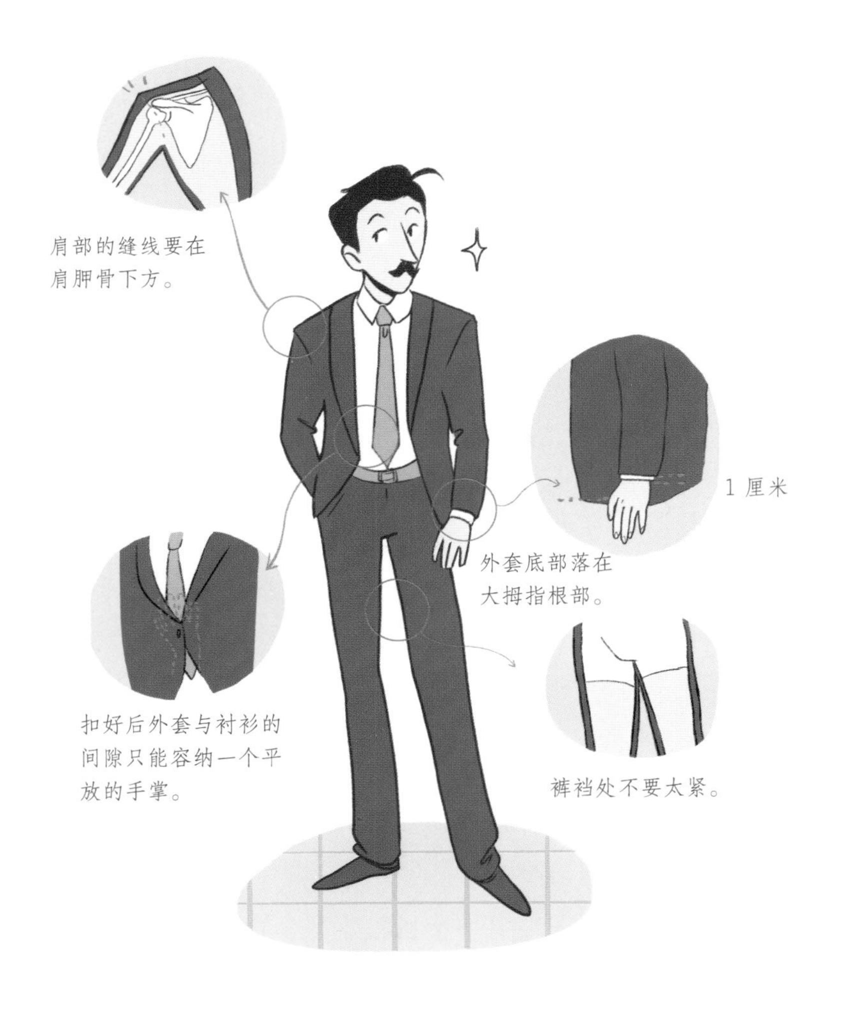

# 检查清单

## 确保西装完全合身

### 外套

- **肩膀的宽度：** 袖子的缝线在肩胛骨下方，后边的衣领没有皱褶。
- **外套的贴合度：** 扣上的外套与胸部间只能容纳一个放平的手掌，袖窿处也是。
- **外套的长度：** 手臂放下来，外套下沿落在大拇指的根部。
- **袖子的长度：** 手臂放下来，袖口露出 1 厘米的衬衫。

### 裤子

- **腰围：** 在不收腹的自然状态下也可以扣上。
- **臀部：** 裤子应当衬托臀部的线条，但不要太紧身，裆部不要有太多布料。
- **裤腿：** 坐下时也不会觉得太紧。
- **裤长:** 虽然与腿长一致的裤子更容易试穿，但别忘了最后还有卷边这道少不了的工序。

### 整体

- **舒适度：** 你可以自如地走路、活动、抱臂、坐下。
- **风格:** 看着镜子。你觉得自己如何？客观一点，不要有滤镜：西装和你应该是一体的！

如果所有条件都满足，你就找到了一套合身的西装。如果已经试过不同尺码，但还是没有完全合适的，那就要进行小小的修改，这样西装才会贴合你的体型。不过，如果需要修改的是肩膀部分，那就干脆放弃，再看一看别的款式吧。

## 可能的修改

### 外套

| | |
|---|---|
| 袖长（从下） | € |
| 外套长度 | € |
| 修身度 | €€ |
| 袖长（从上） | €€€ |

### 裤子

| | |
|---|---|
| 卷边或翻边 | € |
| 腰围 | €€ |
| 裤腿 | €€ |
| 臀部 | €€ |

※ €，欧元的符号。一个代表便宜，两个代表贵一点，三个更贵。

## 最后的调整

你找到了合身的西装，终于松了一口气。不过，还剩下几个步骤，你才能穿上它。如果不做的话，你的西装将永远只能留在衣橱里。别气馁，这是终点前的最后一站……

● **哪一种裤脚？**

依然是喜好与用途的问题。穿去上班或参加派对的经典款西装要优先选择看不见痕迹的锁边，这样更正式一些；而那些粗花呢、厚羊毛、大方格的西装或周末西装、乡村西装，翻折过来的裤脚特别适合。如果裤脚能微微盖住鞋子，那就很好。

以下的插图可以帮助你理解：

太短了

刚刚好

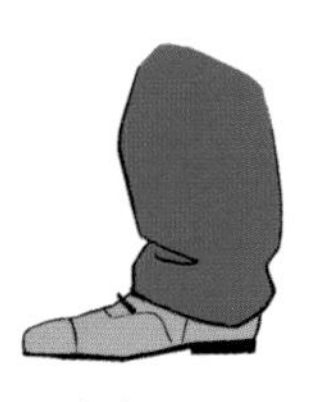
太长了

**小知识**

九分裤可以露出脚踝。现在这种款式很流行，但与所有流行一样，它终有一天会过时。拒绝这样的裤脚处理才能保证看上去永远不土。

● **西装收进衣橱前要确认的最后几点**

- 该做的修改已经完成，至少裤脚已经锁边。
- 已经摘掉了袖子上（通常在这里）的品牌标志。
- 已经剪掉了口袋与下摆开衩处缝起来的线。

**你需要几套西装呢？**

视你穿西装的频率而定。如果你的职业要求每天穿着，那么起码要准备4套。这样你可以经常替换，把换下来的1-2套送去洗衣店。

## 萨维尔街

哪里才能找到靠谱的粗花呢西装？当然是伦敦！200年的英伦优雅都可以在位于梅费尔（Mayfair）这个高级街区内的萨维尔街上找到。怀疑这一点的人不妨沿着街走上一圈，看看那些久负盛名的店家的橱窗。你可以以躲雨的姿态随意推开一家店门，舒服地坐在沙发上，欣赏墙上挂着的狩猎战利品，用英式瓷器品尝一杯茶。如果是晚上，不妨来杯威士忌。然后，将因优雅（或威士忌）而微醺的你交给经验老到的裁缝，让他来指导你该如何制作属于你的流淌着纯净英国血脉的完美西装。

这样的购物显然需要“慢慢来”，每一次试穿你都必须亲身到店。不过，对于英国人非要在茶里加奶这件事，你完全可以坚定拒绝。有了萨维尔街出品的一套绅士西装，你就进入了一个很小的精英顾客圈，圈子里有各国王室、政要、名流与顶级艺术家。

这条街给你的选择太多，眼花缭乱。如何才能找到最理想的裁缝？好在有些人快你一步，恰好供你参考：温斯顿·丘吉尔（Winston Churchill ）去的门牌号15的Henri Poole and Co，弗雷德·阿斯坦（Fred Astaire）选了旁边的Anderson and Sheppard，加里·格兰特（Cary Grant）在5号的Kilgour，丹尼尔·克雷格（Daniel Craig）走进了29号的Richard James，肖恩·康纳利（Sean Connery）则热爱1号的Gives & Hawkes。当然，这条街上的其他店也都接待过名人顾客。

我们理解你可能不预备花上3000欧来投资这种等级的优雅，但仅仅是在萨维尔街简单地逛逛也很有意思。另一个去那里的理由：甲壳虫乐队（The Beatles）的唱片公司就在那条街3号。

### 如何去萨维尔街

Oxford Circus 站（走路 5 分钟）或 Picadilly Circus 站（9 分钟）下车。

**小知识**

萨维尔街定制协会（Savile Row Bespoke Association）规定了什么样的西装才能挂上“萨维尔街”的名号。举个例子，每间制衣坊的所在位置必须距这条街道 100 米内。你可以登陆该协会的网站进一步了解这些标准：www.savilerowbespoke.com.

# 选购衬衫

与大多数人所以为的不同，衬衫在一套服装中的角色绝不是无关紧要的：衬衫的细节能体现一个人整体的优雅程度。它的剪裁、色彩、领口与扣子确定了着装的基调。

## 面料的重要性

与西装一样，选购衬衫时也有一条基本原则：没错，天然面料一定是首选！纯棉衬衫就是很棒的选项。

### ● 面料织法

它很大程度上决定了衬衫的风格。下面列出了几种主要织法：

**府绸**

这种织法可以得到光滑的面料，上身后尽显优雅。

**牛津纺**

这种织法会在面料上呈现无数小方格，适宜休闲装扮。

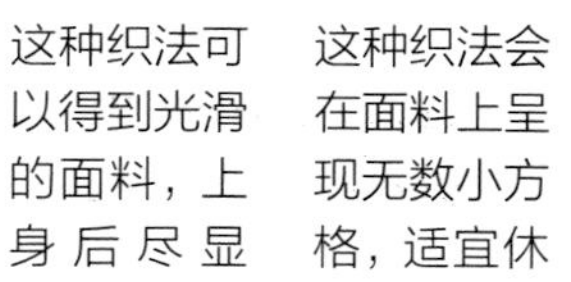

**斜纹**

这种织法得到的面料上有无数斜纹。

**人字纹**

这种织法会形成V字形的条纹。

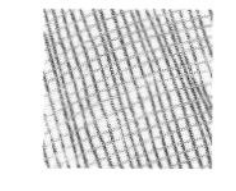

**米通**

这种织法会用到彩色线与白色线，目的是形成色彩上的变化。

**法兰绒**

这种面料做了起毛处理，所以手感很柔软，适合户外活动时穿着。

### ● 纱支数

它由两个数值组成，代表线的特点，如80/1或140/2。第一个数字代表了单位重量下的纱线长度。数值越高，说明棉线越细，越坚韧，也越优雅。第二个数字代表了纱线数量（单股是一条单纱线织造，双股是两条单纱线；后者要更耐磨、柔软）。

**埃及棉真的来自埃及吗?**

埃及的温和气候与精湛的采摘、梳理工艺注定了这里能产出全世界最好的棉花面料。埃及棉的纤维极长极细，可以让面料呈现出丝绸般的质感。如今，这种棉花已经被广泛种植于其他国家。虽然并非产自埃及，但如果品质优异，同样可以当之无愧地冠上“埃及棉”称号。

## 找到合适的尺码

与西装一样，衬衫是否合身非常重要。有些品牌用领围决定衬衫尺码，也不是没有道理。

| 衬衫尺码指南 | | | | | | | | | |
|---|---|---|---|---|---|---|---|---|---|
| 领围 | 36 | 37 | 38 | 39 | 40 | 41 | 42 | 43 | 55 |
| 法 / 欧码 | 40 | 42 | 44 | 46 | 48 | 50 | 52 | 54 | 56 |
| 英 / 美码 | 30 | 32 | 34 | 36 | 38 | 40 | 42 | 44 | 46 |

## 检查清单

### 确保衬衫的尺码合身

- **衣领**：系扣后只能通过1根手指。
- **肩膀**：袖子的缝线紧贴在肩胛骨下方。
- **袖子的长度**：手臂自然放下时，袖子落在手腕处，又不会盖住它。
- **衬衫的贴身度**：贴合上半身，但不要紧身到暴露身体线条。
- **舒适度**：手臂移动、举起时不会感到拘束。

### 需要几件衬衫？

一件衬衫只能穿一天。算一算你一周有几天需要穿它，再看看你洗衣服的频率，就知道到底需要多少件了。

## 风格的选择

衬衫的市场很庞大，选择多样，适合不同喜好与不同场合的要求。在挑选时，最重要的是根据穿着目的来决定。

### 领子的形状

衬衫领的款式非常多样，以下是常见的几种：

**1.经典法式领：** 适合所有场合。
**2.意式领：** 凸显领带。
**3.英式领：** 必须搭配领带。
**4.美式领：** 扣子永远是系上的。
**5.礼服领/翼领：** 搭配领结，出席隆重的活动时穿着。
**6.俱乐部领：** 雅痞风。
**7.立领：** 无需搭配领带，打破常规时的选择。

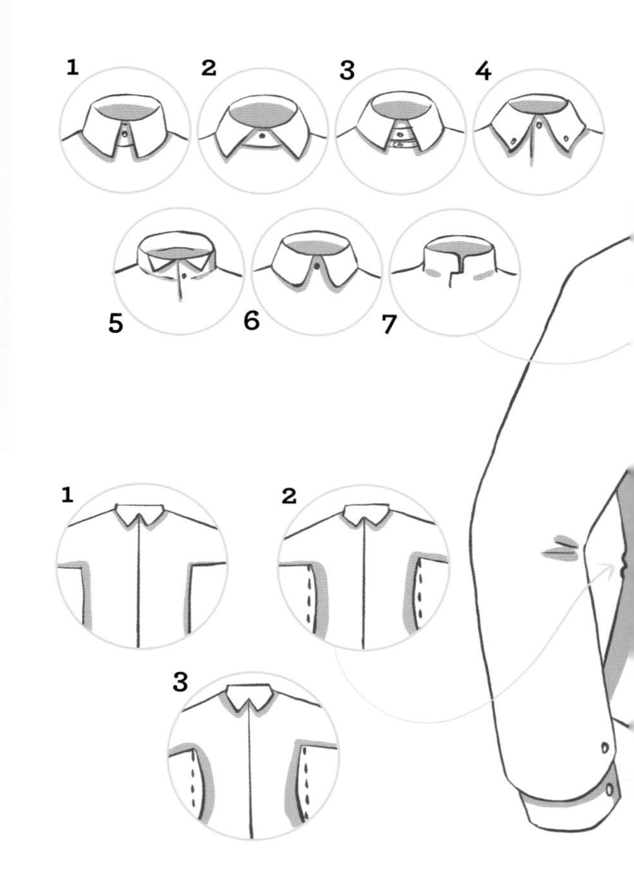


### 用途

如果衬衫领较坚硬，衣长较长（抬手时不会从裤子里滑出），就是在工作场合中穿着。如果印花很丰富，衣长较短、无需塞进裤子里，便是休闲娱乐时的选择。

### 贴身度

根据自己的体型来选择：选择突出你身体线条的剪裁，但切忌不要太贴身。大部分品牌提供三种选择：

**1.普通**
**2.经典**
**3.修身**

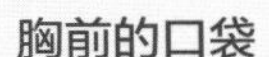

### 胸前的口袋

这种设计已经彻底过时。如果说在职场或私下穿着还勉强可以忍受，那么参加重要活动时一定不要选择这一类衬衫。

### 门襟

它是固定扣子的地方：

**1.简单门襟：**适合所有场合。

**2.美式门襟：**适合所有场合。

**3.暗门襟：**适合隆重的典礼服装。

### 袖口款式

有两种袖口款式：

**1.经典：**低调的风格。

**2.翻袖口：**非常优雅，要搭配袖扣。

### 色彩与图案

视衬衫的用途决定。在办公室穿着可优先选择浅色系与暗色系，如白色、浅蓝色、浅粉色或者细条纹……参加时尚派对，可以选择白色。在休闲场合中，不妨试试方格、小印花与海军蓝色系吧。

# 选购领带

在脖子上挂一块布的风俗究竟是怎么出现的呢？虽然细想有些奇怪，但领带确实可以让西装显得更正式，也已经成为全世界职场服装的标准。有些企业要求员工每天打领带，有些则是出席重要会议时才要求。到底该怎么做？参考同事。不管多讨厌领带也要告诉自己：与其成为集体中唯一没系领带的，不如还是与大家保持同步。

## 一点历史

历史上，路易十三的克罗地亚雇佣兵在制服之外还会于脖子处系一条白色布带。君王被这种打扮的翩翩风度与实用性吸引，自己也开始佩戴类似的饰品。于是，整个宫廷纷纷效仿，然后这股风潮感染了贵族、市民，最后蔓延至全国。法语中“领带（cravate）”一词便是来自当时“克罗地亚的（croate）”一词的错误发音……看来，法国人不会说外语的基因古已有之。

**需要几条领带？**

取决于你系领带的频率。如果每天都要，准备 5-6 条是最低门槛。

## 领带的结构

领带由一块精致的布料制作而成，在内里进行填充以增加它的重量与厚度，保证垂坠感。一条领带的经典宽度在5.5到7.5厘米之间。颜色与印花则毫无限制，一切皆有可能。你只需确保领带可以与身上的衬衫搭配，避免风格太夸张、图案太繁复的。材质方面的选择也很多：真丝优雅，羊毛或纯棉可以带来变化，编织款时髦度爆表。

**什么是七叠领带？**

它由一整片丝绸制成，没有里布，而是利用将布料折叠 7 次的工艺来增加厚度。在很多人眼中，这种领带大抵是优雅的至高巅峰。

# 选购皮带

西裤必须搭配皮带或背带穿着。皮带有两个功能。第一显然是避免裤子滑下，露出“内在美”。第二则是让衬衫与裤子间的过渡不要太生硬。也就是说，无论选择什么样风格的服装，皮带都会让你看上去更优雅。

## 完美的皮带

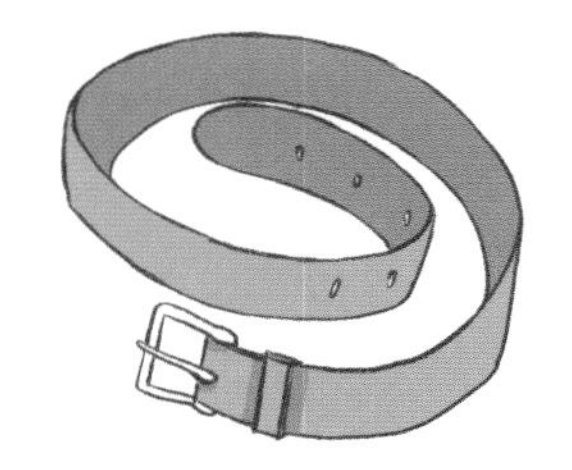

- 一定要是真皮。这一点要特别注意，现在的工艺让人造革或塑料看上去与真皮差不多，但假的就是假的！
- 色彩与皮鞋保持一致。
- 不要太细，也不要太宽（介于2.5到4厘米间）。
- 皮带扣不要太大，且不要有明显的品牌标志——这一点尤为重要！
- 长度合适（参考下文）。

**需要几条皮带？**

这取决于你有几种颜色的皮鞋。如果常穿黑色与棕色的皮鞋，那就简单了，一条黑色皮带与一条棕色皮带就能满足日常需求。

## 找到合适的尺码

想了解自己皮带的尺码，有两种方法。如果你知道自己平常穿几码的裤子，可对照下表找到对应的皮带长度。如若不然，可以用软尺测量腰围——当然这也是小事一桩。

| 皮带尺码指南 | | | | | | | | | |
|---|---|---|---|---|---|---|---|---|---|
| 裤子尺码 | 38 | 40 | 42 | 44 | 46 | 48 | 50 | 43 | 44 |
| 皮带 | 80 | 85 | 90 | 95 | 100 | 105 | 110 | 54 | 56 |

# 选购皮鞋

无论身上的西装多么完美无缺，脚上的皮鞋与它的状态还是可以透露主人真正的优雅程度。市面上的皮鞋选择很多，以下我们列出了几种容易搭配的款式。

## 款式

想保证不出错，穿西装时可直接选择牛津鞋或德比鞋。前者被誉为“最优雅的鞋型”。它的鞋带被藏在鞋襟之下，因此露出来的部分只有平行的线条，看上去简洁低调。第二种鞋型正式程度稍稍低一点，主要区别是鞋襟为开放式，上脚更舒适，适合脚掌宽的人。总之，先试穿，再选择。

**一体剪裁**

牛津鞋只用一张完整的皮革制作。皮鞋表面看不到任何缝线，堪称真正的艺术品。

鞋上有许多小孔的就是布洛克鞋。这种款式最初起源于苏格兰，那些洞原本是走过泥沼时排水用的。如今，它们只剩下皮面上浅浅的痕迹，不再是功能性的设计，只作为装饰出现。现在穿布洛克鞋时要遵守的规则是：千万要远离泥地！还有一类皮鞋使用金属扣环固定而非鞋带。这类叫孟克鞋，可以让整体的着装风格更稳重，适合成熟男性。

当然，可用来搭配西装的皮鞋款式还有很多，但它们都不如上面介绍的这几种优雅。不过，你还是可以试试摇滚风的短靴，或用乐福鞋来营造休闲感（极可能一不小心“休闲”过头）。

**小知识**

避免鞋头形状太方或太尖的款式。

自然的弧线更加适合你，这其中的道理不言自明。

## 色彩

该如何选择脚上皮鞋的色彩呢？只要凭着你的喜好与品味随便选就可以了……开玩笑的！请务必考虑以下几条建议：

- **黑色**让整体气质更严肃，能搭配所有颜色的西装。
- **棕色**让人感觉没那么正式，能搭配除黑色外的所有西装。
- **漆皮皮鞋**适合派对晚宴这类场合。
- **灰、紫或深蓝的皮鞋**也不错，但一定要选择高档的品牌，更有质感。

如果你觉得这些颜色都太暗、太低调，不妨试试搭配色彩鲜艳的袜子，让袜子与服装中的某个色彩（领带、口袋巾、镶边……）呼应，效果会更好。另外还可以换一换鞋带。不过，请切记：追求独特也要把握好尺度，别把自己打扮成圣诞树！

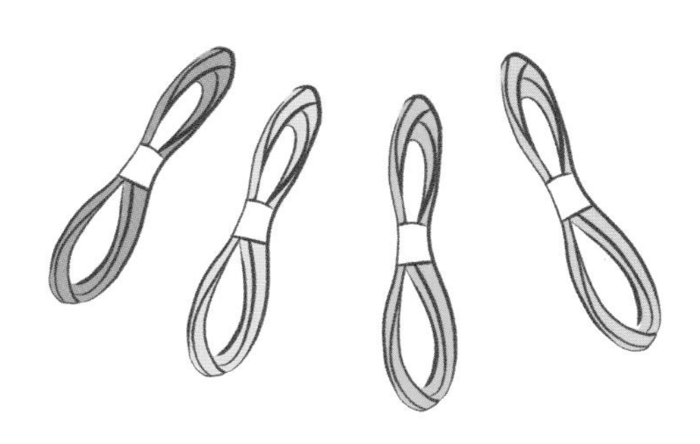

## 制作工艺

高品质的鞋，要格外注意两点：使用的皮革与鞋底的固定方式。

☼ **皮革：**需要有一定厚度，摸上去舒服，闻上去也很好（动物皮的香味，绝不是塑料）。

☼ **制作：**平价鞋的鞋底是粘上去的，即便没穿坏，也很容易脱胶……更高档一些的鞋底是缝上去的：固特异沿条缝、内缝、挪威缝……这样可以显著延长皮鞋的寿命，在需要时甚至可以进行鞋底的更换。

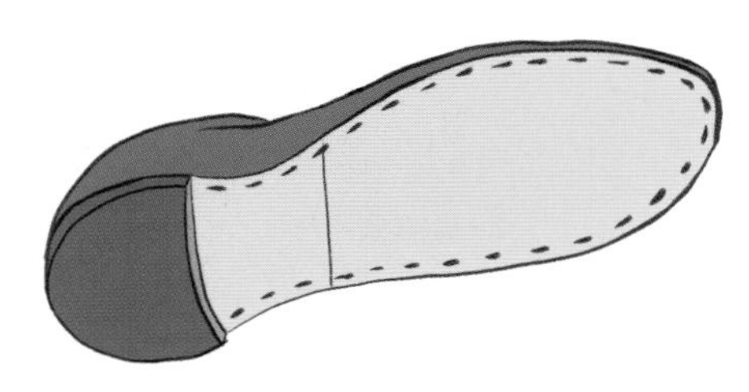

**鞋底的缝线**

如果鞋底是皮质的，而你要“真实地”走路（不是只在铺着地毯的室内走），加一层橡胶底来保护是很有必要的。这样能避免鞋底在几天后磨穿。

## 找到合适的尺码

鞋子的尺码比衣服更重要，这决定了你双脚的健康！什么也无法代替现场试穿，不过还是有一些信息可以帮助你。

要测量尺码，请裸足踩在平坦的地面上。

| 皮鞋尺码指南 | | | | | | |
|---|---|---|---|---|---|---|
| 脚长（毫米） | 246 | 254 | 262 | 271 | 279 | 288 |
| 法国尺码 | 40 | 41 | 42 | 43 | 44 | 45 |
| 英国尺码 | 6 | 7 | 8 | 9 | 10 | 11 |

## 第一次上脚

选定了鞋的款式之后，接下来的工作就是上脚试穿了。想让穿着体验更好，以下有几个小窍门：

- 在鞋的皮质没变软之前（特别是脚跟处），可以在脚后跟贴上创可贴，避免磨出水泡——千万别觉得不好意思！
- 可以在鞋跟或鞋头处加一小块金属片，避免这些部位磨损得太快。不过，以后你路过时，同事们可能会以为来了位穿高跟鞋的美女，结果一看发现是你，失望透顶……好吧，其实你还可以选择橡胶片。

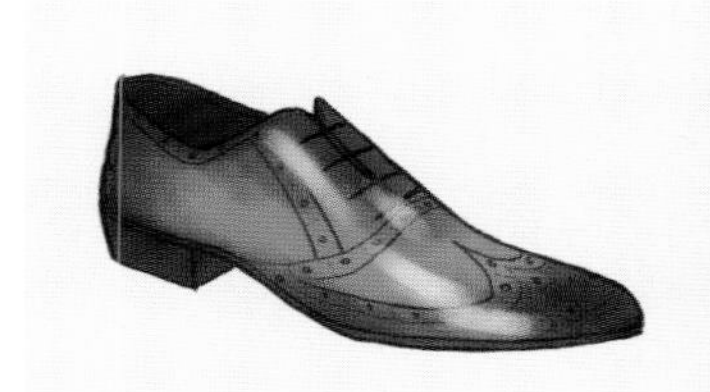

你还可以为皮鞋涂色，彻底改变它的外形。这种技术是用刷子在皮革表面刷一些特殊涂料。有些鞋匠是真正的艺术家，能为鞋子带来令人震撼的改变：紫色、蓝色、绿色，甚至棕色（有一种老旧木头的质感）。

## 如何系鞋带

通常，男人们应该很早就知道鞋带该怎么系……不过，你是不是为你的鞋子采用了最优雅的系带方式呢？对于不太了解这方面的人来说，你可以选择右图中的方法。

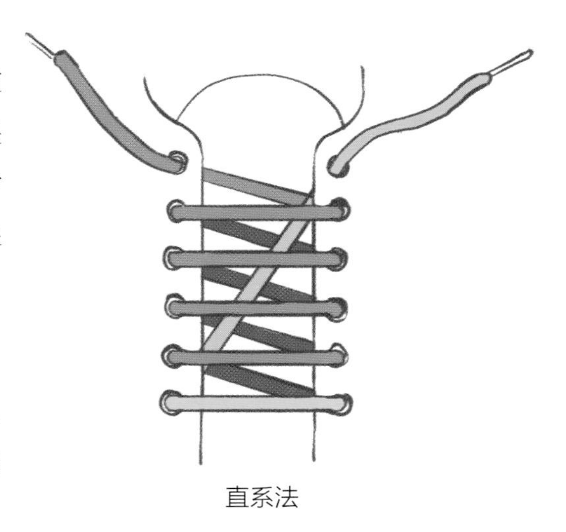

直系法

### 需要几双鞋？

至少准备 3 双。既可以有些变化，还能让鞋时不时休息，让皮革有时间自我恢复。

## 袜子呢?

袜子很重要！因为只要一坐下，袜子就会露出来。想达成从头到脚的完美，下面是你需要记住的几点：

- 黑色袜子可以搭配几乎所有颜色的西装。不过棕色西装最好还是选蓝色或灰色袜子。

- 色彩上有一些跳脱是可以接受的，比如红色、橙色、浅蓝色……

- 白色袜子只能在运动时穿着。如果你的脑容量只够记住一条规则，那就是这一条！

- 优雅的图案非常棒（细条纹、圆点、小方格等），而那些太滑稽、太奇怪的一定要避免（卡通人物、夸张的复古大方格等），请保留一点男性的优雅与尊严……

- 袜子的长度要足够长，保证坐下时不会露出腿部皮肤。

- 最好的袜子是用苏格兰线做的。这是一种经过特殊处理的棉线，既耐穿又有光泽感。

### ● 什么时候扔袜子?

当袜子出现第一个破洞时就该扔了，别想着缝缝补补再三年！如果疏忽了这条警讯，那么遇到要脱鞋的状况时，就可能陷入尴尬爆棚的局面。另外显而易见的一点是：一双袜子只能穿一天。

在这里，我们还有一个小秘诀要分享，可以让你免于落入老是找不到成双袜子的困境。那就是：买许多双一样的袜子！这双黑袜子里的一只和另一双里的当然可以搭配起来。总之，让生活变得简单一点，没什么不好，也并不困难。

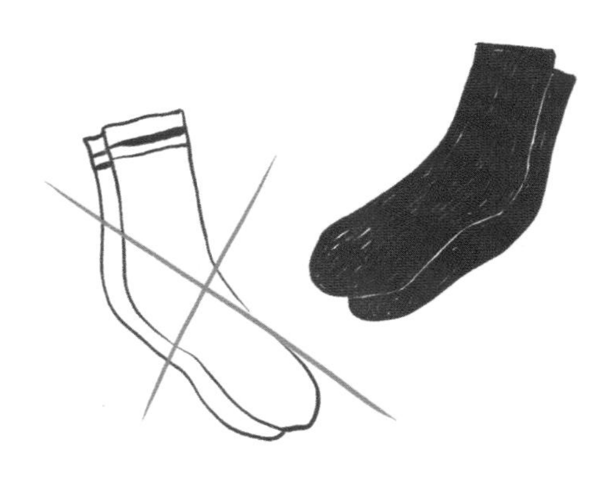

## 潇洒不羁的 Sprezzatura[1]风

乔治先生总是很优雅。不过呢，与这本书里的建议不一样，他的领带打得有一点随意。这是因为他想营造Sprezzatura风——一种意大利的着装态度，打破常规，大胆将错误合理化，营造自然、潇洒但不邋遢的风格。当然了，一切看上去的漫不经心都是精心安排：故意不工整的领带结，领带细的部分比宽的更长，手帕随意塞在胸前的口袋里……这是更高招的优雅，当你对一切着装规则了然于胸后，才可以超越规则。

[1] sprezzatura是一个意大利语词，意思是“潇洒不羁，很不刻意、很高级的炫耀”。

# 2

# 上班日

如果你的职业对着装风格没有必然要求，那么在办公室中拥有鲜明独特的外形，只会为你赢来欣赏，帮助你融入集体，甚至得到晋升机会。

几条简单的穿衣原则便可以让你脱胎换骨，优雅加分，轻松应对日常的各种场合，不让外表给你的职场表现拖后腿。

“穿什么样的制服，成为什么样的人。”

——拿破仑·波拿巴

# 着装的黄金定律

## 职业不同，风格不同

一个人的着装反映了他所在行业与公司的价值观。每一天，你都要向雇主与同事证明：你就是这些价值观的代表。

### ● 定律1：风格与职业匹配

虽然并非所有行业都要求西装革履，但有些行业还是有着基本的着装要求。

| 金融、法律、人力资源 | 贸易、酒店、餐厅 | 广告、艺术、传播 | 工程、行政、IT |
| --- | --- | --- | --- |
| 这几类行业的着装要求特别严格。你在选择服装时也要考虑到这一点：打经典牌、低调牌，重视衣服的材质与剪裁。 | 这几类行业需要与顾客直接打交道。你的着装容不得一点错，必须凸显企业形象。西装与领带是最常见的选择。 | 这几类行业的氛围轻松自由，你的着装可以表现性格与创意，但也别太浮夸，毕竟你是来工作的！ | 这几类行业的着装要求比较宽泛，但最好还是穿经典款。你的选择很多：西装配领带，不配领带，不穿西装外套…… |

当然了，在现实中，事情没这么简单，不同企业对着装也会有不同的要求。因此，当我们进入一家新公司时，必须经历一段观察期，来看看到底该穿什么或不穿什么。别幻想你可以在第一天就靠个人魅力颠覆内部业已形成的“着装潜规则”。

## 成功的搭配

如果你已经按照我们的购买建议（第9页）行动起来，那么你的衣柜里应该放满了品质不错且合身的衣服，无论是西服还是衬衫。余下的工作便是挑选不同的单品，组成完美搭配，让你变得更加风度翩翩。

**● 定律2：色彩要和谐**

避免同一种色彩反复出现。同样色彩的领带与衬衫并不配，这么搭没有任何意义。

在选择衬衫与领带时，优先考虑协调色或互补色。通常来说，领带的颜色应当比衬衫更深。另一条普遍适用的定律是穿上身的颜色不要超过三种。

**● 几种不错的搭配：**

- 白色衬衫可以搭配各种色彩与图案的领带。
- 天蓝色衬衫可以搭配海军蓝（协调色）领带，或红、橙、紫色系（互补色）领带。
- 粉色衬衫可以搭配淡紫色（协调色）领带，或绿卡其、海军蓝色系（互补色）领带。

**● 定律3：印花要适量**

太多印花等于没有印花。只选择一件条纹、格子或小印花单品，这样才能更加凸显它的价值，同时也避免了视觉灾难。

**● 几种不错的搭配：**

- 宽斜纹、波点或印花领带搭配纯色衬衫与西装。
- 条纹西装搭配纯色衬衫与领带。

搭配高手可以同时穿上两件印花单品，但绝对不可以是同一种印花。

- 纯色西装可以搭配细条纹衬衫、印花领带或宽斜纹领带。
- 条纹西装可以搭配纯色衬衫，但领带可以有印花或波点（这是极限了！）。

## ● 定律4：皮带与鞋搭配

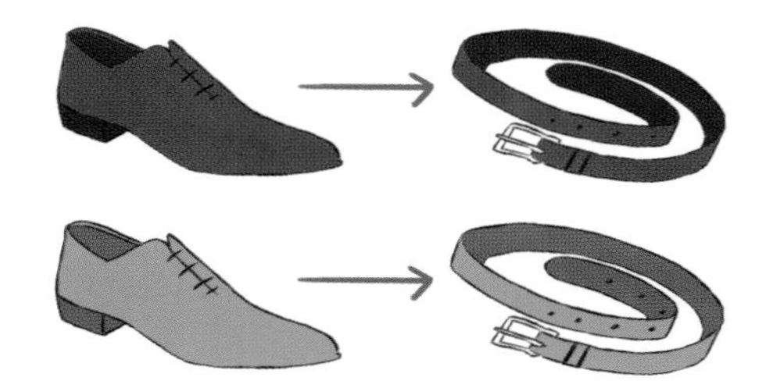

皮带必须与当天所穿的鞋色彩一致。想营造雅痞风可以再加上同一色彩的皮质单肩包与手表。请记住，优雅在于细节……

**下面这个小练习可以帮助你测试自己是否掌握了这一章的搭配定律。请判断图中的每种搭配究竟是高手出招还是时尚灾难？**

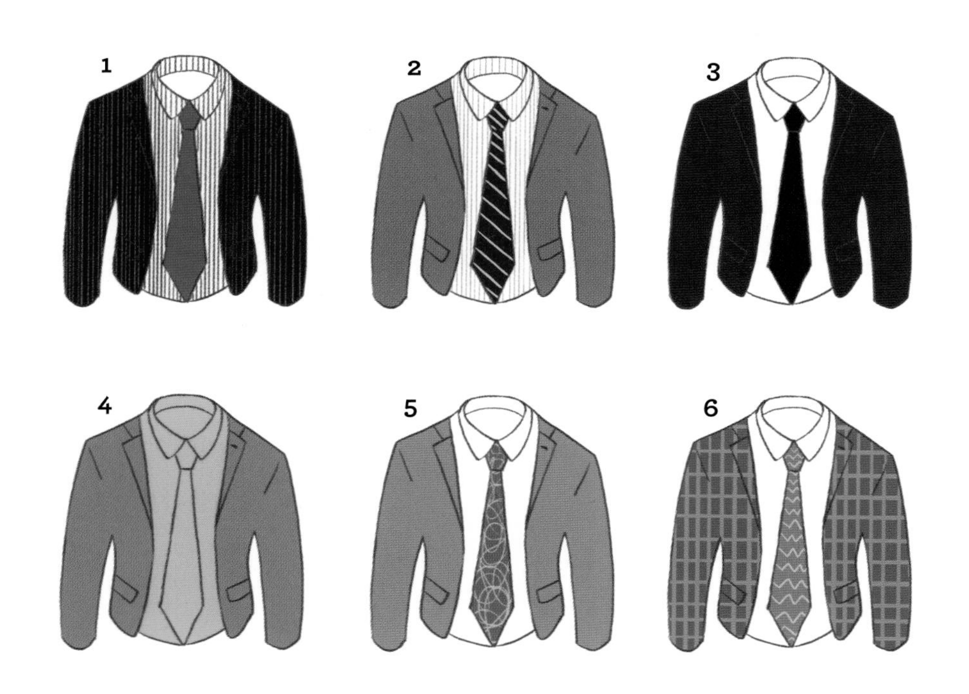


**答案：**

1.千万别这么穿！衬衫与西装外套的条纹一模一样。2.印花搭配高手。3.协调色搭配，很不错。4.永远不要让同一种色彩反复出现！5.突出领带的印花。6.大胆的选择，不过可以接受。

# 面试穿衣经

一场面试的成功取决于好几个因素：有职位所需的能力——这个自然不必说，但也需要你状态满满、自信满满。就后面一点来说，选择恰当的服装可以为你提供强大助力……

## 20 分钟准备就绪：

- 深蓝或灰色的两粒扣纯色西装。
- 一件干净且提前烫好的白衬衫。
- 深色系的纯色领带（不要黑色）。
- 黑色皮带。
- 黑色袜子。
- 打过蜡的黑色正装皮鞋。
- 公文包。
- 薄荷糖。

1. 洗个澡，刮好胡子，别忘了整理一下发型。
2. 穿上衬衫，系上所有扣子（不，一点也不憋！）。
3. 穿上裤子，检查拉链有没有拉好（这一点上永远要特别注意），皮带要穿过裤腰上每一个扣环。
4. 戴领带，打一个最简单的结，注意结与领带尖对齐。
5. 穿上外套，不要把不该扣的扣子扣上（参见42页）。
6. 穿上皮鞋；鞋带的结可以系两遍，防止面试时鞋带散掉。绝对不要穿运动鞋！即便是众人抢破头的最潮新款也不行！
7. 在公文包里放上简历与求职信，多备几张纸与一支书写流畅的钢笔。
8. 不要穿戴配件与饰品。当然了，身上所有洞的饰品（耳环、唇钉、鼻环）都要取下。
9. 深呼吸，吃一颗薄荷糖。看着镜子里的自己，对自己说：这份工作非我莫属！

# 得体着装的规范

选择合适的服装后，接下来就要为一天的日程开始做准备了。如果你对优雅着装的规则了然于胸，肯定会更得心应手。

## 懂得如何穿西装外套

西装外套并不是随便一披就万事大吉，即便是在扣不扣扣子、扣几粒扣子上也有一些要求。虽然说这些所谓的规范并非强制，但如果因为种种小细节而搞砸了第一印象，就太可惜了。

### ● 何时扣扣子？

⚙ 站起来时，外套的扣子应当扣上，可以让整体看上去更加风度翩翩。

⚙ 坐下时，扣子应当解开，让活动更自如，且衣服也不会堆积出难看的褶子。

**注意**

双排扣的西装扣子永远不要解开，坐下时也不行。

### ● 扣扣子的知识

扣扣子的礼仪最初起源于英国国王爱德华七世。因为身形肥胖，他在吃饭时必须解开马甲的最后一粒扣子。为了不让国王尴尬，周遭的臣子也纷纷效仿。这条规则也一直延续至今。但抛开这件轶事，扣子扣得正确能让你显得更加修长、优雅。

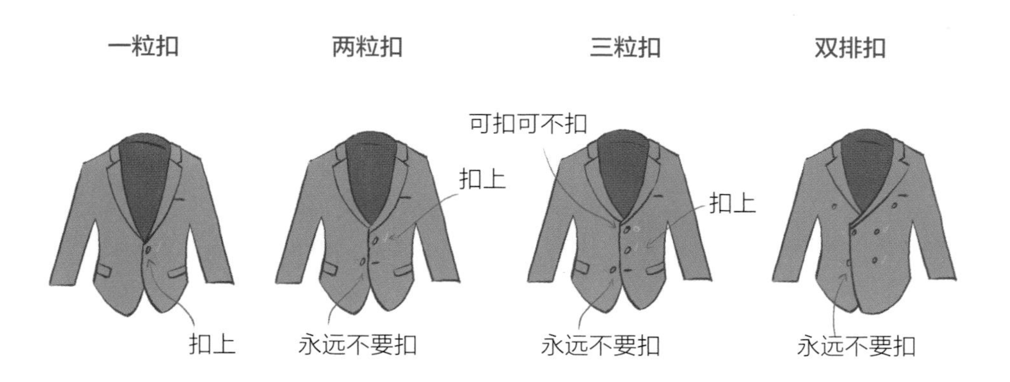

## 完美领带

领带常常被当作是无关紧要的配件，要么拉得太高，紧紧箍住脖子，垂下来的部分左摇右摆；要么则恰恰相反，系得松松垮垮。不过，在高端会议场合，它绝对是必不可少的。知道如何佩戴领带是驯服它的第一步。

**● 正确地佩戴领带**

根本在于选择最适合当天穿着的领带（参见28页）。接下来的事情就轻而易举了。

**建议**

想更好地凸显领带，那么衬衫领口必须有一定硬度，且烫平、没有皱褶。

# 领带怎么打

你的身边不可能有个人24小时随时预备着冲过来为你打领带，所以一定要自己学习这些步骤。

## 单结

**这是必须要认识与学会的打法，适合所有场景。**

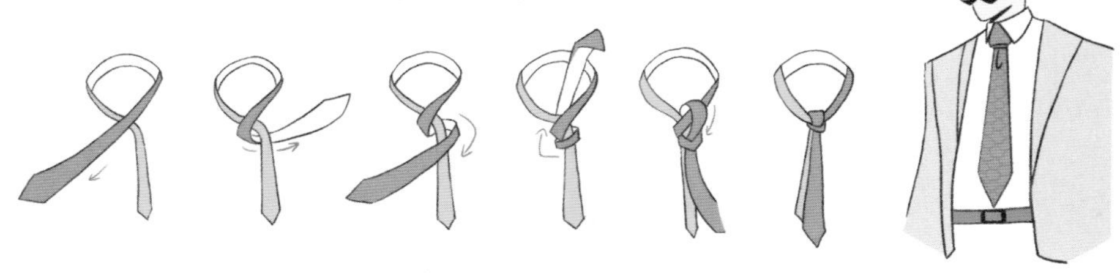

## 双环结

**衬衫的领口太宽或领带太长时。**

## 半温莎结

**增加精致感。**

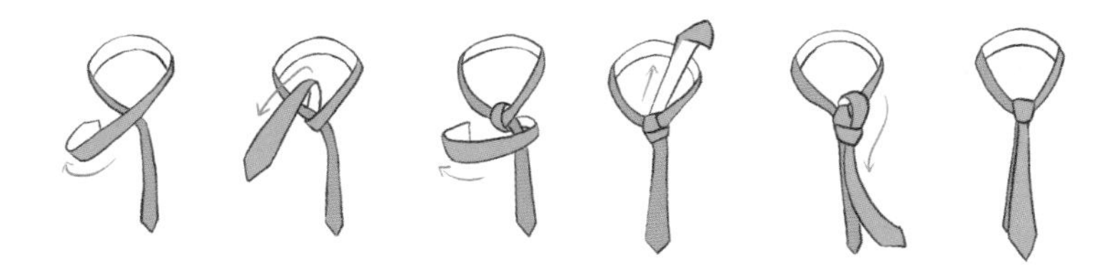

你也许发现了在这本书中我们完全没提用别针或拉链固定的“懒人领带”。假如你不会打领带，要么学会它……要么别戴了。

# 周五，休闲日

周末即将到来，是时候放松一下，在公司（稍微）展示展示自己的男性魅力了。你想抛弃一成不变的西装，换身更休闲的装扮？巧了！美国人发明了Casual Friday或Friday Wear的概念，即所谓的“自由穿衣日”。

不过，自由亦有边界。人字拖和短裤是不可能的，绝对不可能！但一套更休闲甚至更舒服自在的服装却是可以被接受的。如果你平日总是西装领带一应俱全，那么在这一天可以放弃领带。如果你从不打领带，那不如把西装换成样式时髦的细毛线衫，其他部分照搬平日。

下一个周五，请大胆挥洒创意，远远地甩开其他人吧……

## 季节不再

与往常一样，今天的天气真不错。微风拂面，阳光温柔。在一顿美味的早餐后，你穿上西装，踏上前往公司的路。一切看上去都很顺利。

不过呢，天气不可能总是如此理想。有时也会遇到突如其来的倾盆大雨，或在穿上羊绒大衣后碰上艳阳高照。作为一个现代男人，我们应当知道如何适应外部环境，包括气候与其他。

### 享受烈日

优先选择比较宽松的衬衫，这样会凉爽一点。你还可以将袖子卷到小臂中部，但领带不可没有——我们还得维持专业形象。你是不是以为我们要推荐短袖衬衫？那是绝对不列入考虑的单品！

有些服装面料能让衣服的透气性更好，例如麻与棉（参见第11页）。不过注意，这样的面料有一种休闲感，有时会过了头。在各种服装连锁店里，你还可以找到细羊毛的西装，很通风透气。

### 抵御寒风

最好穿一件保暖的大衣。它必须与你的西装一样，剪裁良好，极致优雅。

**风衣**

西装的完美搭配。

**双排扣短大衣**

凸显衬衫与领带。

**牛角扣大衣**

更独特，适合与毛衣搭配。

**长大衣**

与西装、领带搭配完美。

**羽绒服**

与牛仔裤、毛衣搭配。

**派克大衣**

给人休闲的感觉。

## 注意

大衣一定要比西装更长。后者的长度绝对不能超过前者。

---

怕冷的人可以在西装下加一件毛衣。毛衣要是薄款，色彩与整体服装搭配。本章开头提到的“西装-衬衫-领带”搭配法则也同样适用于这里。

你也可以在衬衫下加一件棉毛衣，但领子不能露出来，也不能让衬衫产生讨厌的皱褶。另外，它只能是白色的。

### ● 保暖配件

寒冷总是通过肢体末端进入身体，所以要好好保护它们！

在头的部分，好看的时装帽比包头的毛线帽更优雅（参见第74页）。

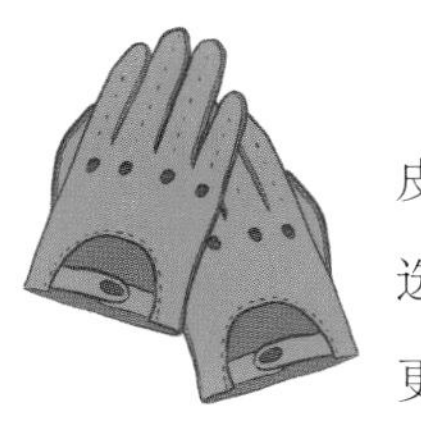

为了保护双手，一双皮质手套是必不可少的。选择猪皮或小牛皮，价格更低；也可以选择羊皮，皮质更细腻，也更耐用。色彩方面，皮带的规则同样适用于此：需与皮鞋的色调一致。

如果不戴围巾，那么再多的保暖努力也全都白费。围巾作为单独的配件，只要风格和谐，可以为整体着装增加风度与经典感。

### ● 如何选择面料

- 棉麻营造休闲感。
- 羊毛适合所有风格。
- 羊绒很舒适，有一种高级的时髦感。
- 丝绸有雅痞风，但要与服装搭配得宜。

在选择色彩时，可直接应用领带的规则：选择大衣或西装色彩的和谐色；若想令整体色彩更跳脱，也可选择对比色。

## 建议

有些围巾的图案与色彩有民族或政治含义，穿戴前请先确认。

---

# 围巾怎么戴

## 都市优雅风

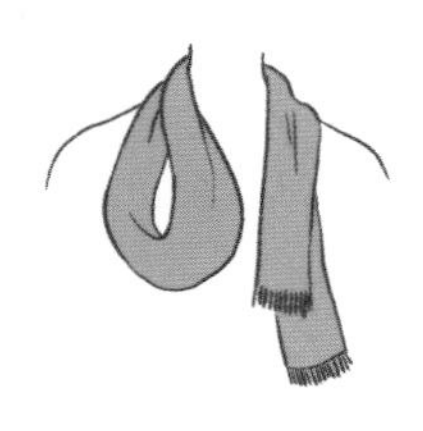

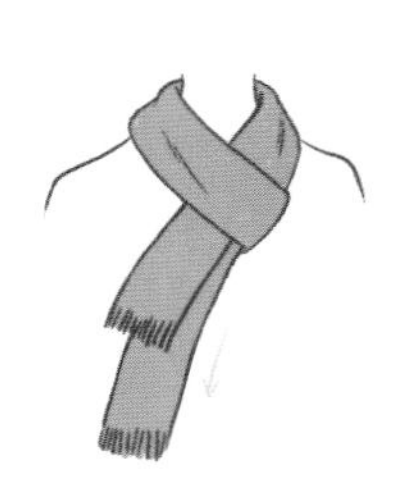

## 保暖休闲风

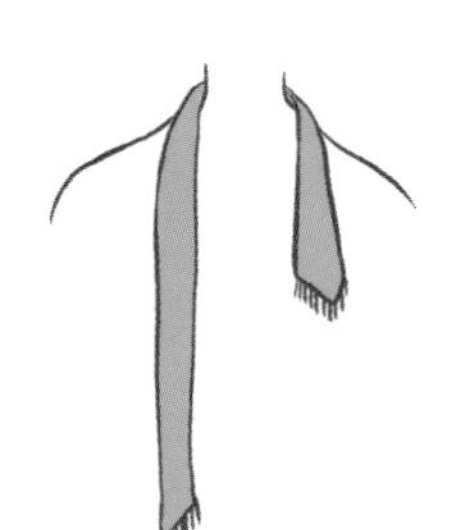

● **无惧雨天**

你的西装害怕下雨天。雨水会影响衬布里的热胶合，还会让羊毛变形，这些通常是无法逆转的伤害。遇上雨天，你的当日目标是拒绝雨滴。为了达成目的，你可以选择拒绝出门！当然，这个是不可能的……所以不妨投资一件好看的防水外套。灰色、米色、深蓝色、黑色……色彩上的选择很多！

为了保护脑袋，防水外套一般都有帽子，但光靠它只会让你看上去像只落汤鸡般可怜。唯一的解决办法是带把雨伞！折叠款可以放在公文包里，更实用；非折叠款可以营造雅痞风！不过你每次都得特意想着带上它，别遗落了。

### 下雪时

前面的所有保暖建议在冬天也同样适用。不过，雪与除雪盐对服装而言是危险品。若接触到皮鞋，会腐蚀皮革，留下讨厌的白色印迹，无法修复。如果可以，请提前把正装皮鞋换成雪鞋，到达公司后再换回皮鞋，如同标准的纽约女郎那样。

穿皮鞋时，请避免在积水中行走。切记：你已经不再是穿塑料雨鞋的小男孩了！如果还是不幸发生，请赶紧实施急救（参见第123页）。

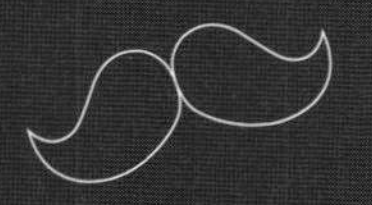

# 3

# 保养自己

如果说西装可以凸显出穿着者的气质，那么好气色与精心打理的发须绝对是让整体更上一层楼的必要条件。

剃须这件事必须经过审慎地思考，遵循艺术的规则。同时这也是一个轻松时刻，适合用来给自己做个总结，好好迎接雄心壮志的一天。

把自己关在浴室里，花上一点时间，暂时忘记门外现实世界的种种难题吧。

“妻子：‘有位留胡子的男士敲了门。’
丈夫：‘让他去别的地方，我已经有胡子了。’”
——巨蟒剧团[1]

[1] 巨蟒剧团（Monty Python），英国的一组超现实幽默表演团体。

## 基本的清洁工作

身体是一个整体，你应当注意所有平常容易忽略的细节之处。

### 清透皮肤从清晨开始

有些保养品牌希望顾客们相信：无论皮肤状态多糟糕，只要用完它们的面霜，就能即刻拥有好气色。英俊，如此简单。请千万不要相信这样的欺诈广告。想要有干净的皮肤，没有秘诀，也没有魔法，每天做好日常清洁工作才可以实现。为了达到这种效果，在有些事情上你必须付出双倍努力。

## 脸部清洁

1. 用温水打湿整张脸，让毛孔打开。

2. 涂上一点洁面乳，轻柔按摩。注意：每周一天，选择去角质的产品来代替洁面乳，为面部做一次深层清洁。

3. 用大量水冲洗干净，最好是冷水，可以让毛孔关闭，同时让自己彻底从困意中清醒过来。

4. 使用男士补水产品。它可以让皮肤吸收营养，保护皮肤抵御外部环境的侵蚀。

## 驯服你的头发

发型透露了你对自己的态度。好好维护、打理的发型能让你焕然一新。

**● 不同的发型**

**偏分**：这个发型永不过时，优雅时髦，是绅士风的绝配。想更时尚一些的话，可以让发型师为你做出更分明的分线。

**飞机头（庞巴度发型）**：这种复古的发型又回潮了。规则很简单：将头发向上梳，蓬松地集中在前方，假装自己是猫王或詹姆斯·迪恩。

**渐变**：从上往下，头发越来越短。这种发型现代、清爽、简单，但很经典。

**侧削上梳（Undercut）**：两侧的头发剃平，顶部头发留长、往后梳。长短对比让人印象深刻。

什么也无法解决起床时满头乱发的问题，即便是用再大量的发蜡也无济于事。唯一可行的方法是早起洗头，用毛巾好好擦干头发，再做出今天的发型。所以，第二天又看到头上“淘气”的稻草窝时，千万别惊讶！

## 出门前的最后一次检查

**指甲**：在指甲上，你能做的比女性少很多。每周剪一次指甲，留意它是否干净。

**耳朵**：请以一周一次的同样频率做耳朵的小清洁。

**手**：如果手部皮肤太干，可以使用补水的护手霜。这样双手会更柔软，还会有好闻的气味。

**痘痘与小伤口**：从女伴的梳妆台里“偷”一点遮瑕或粉底，轻轻抹在瑕疵处，能有效地降低它们的存在感。

刚起床的乔治先生

整理几分钟后

# 剃须剃出男人气概

男性生来就会在面部长出毛发。你无法改变这种天性，所以坦然接受吧，然后善用胡子来加强你的魅力与诱惑力！你需要学习如何得体地刮胡子，甚至打造出最适合你的胡须造型。

## 找到自己的风格

许多时尚专家会说什么脸型（圆脸、方脸、鹅蛋脸等）适合什么样的胡子。在这里，我想强调：找到自己喜欢、周围人也喜欢的风格更重要。当然了，这也要看胡须生长的先天条件。这一点上，每个人都不一样。

- **不同的上唇须**

**马蹄须：**因为一位著名的美国摔跤运动员而流行，立刻获得尊重。不过，这种胡须对外形要求比较高。

**铅笔须：**有一点怀旧，让人想起黄金年代的好莱坞男星。细长且优雅，需花些时间打理。

**车把须：**这种胡子的特点是两端微微上翘。需要每天打理，能突出你与众不同的一面。

**谢弗兰须：**又浓又宽。这种胡须很自然、很经典。无需太多保养，只要在上唇部位稍微修剪即可。

## ● 不同的络腮胡

**三日胡：** 这种“假装”随意的胡须其实在打理上要很注意，时刻让胡子维持在3-5毫米的胡茬状态。

**短络腮胡：** 这是络腮胡的入门线。胡子长度在6-9毫米间，边缘要清晰。

**长络腮胡：** 这种胡子等级更高，不需要太多打理，用剪刀稍微修剪一下，保持干净即可。

**嬉皮士络腮胡：** 这种又长又浓密的胡子深受都市时髦青年与农村伐木工的喜爱！不过其他人对这种胡须的观感基本是：要么很喜欢，要么很讨厌！

**山羊胡：** 干净又现代的风格，适合脸上毛发量不多的男士。它需要日常精心维护，保持边缘的干净。

**没有胡子：** 这也是一种风格，干净、极简，需要经常打理。根据每个人的胡须生长速度，一两天必须要刮一次。

## 工欲善其事，必先利其器

想刮胡子刮得顺手，你必须拥有对的装备。市面上的选择真的太多了！别恐慌，我们将指导你如何找到最合适的产品。

**你至少要准备：** ◎剃须前处理皮肤的产品；◎剃须不伤肤的工具；◎剃须后镇定皮肤的产品。

**剃须工具指南**

| 工具 | 优点 | 缺点 |
|---|---|---|
| 一次性剃须刀 | 随处可见，价格不贵，剃须效果好，但不耐用。刀片越多，效率越高（3片的很棒）。 | 剃须效果下降得很快。不环保。 |
| 可替换式剃须刀 | 容易买到，比一次性剃须刀效果更好。剃须效率也是与刀片数量相关（5片的更好）。 | 不同品牌的刀片不兼容。后续花费会越来越高。 |
| 电动剃须刀 | 很耐用，不会留下刮伤（如果用这种还会刮伤，那你一定是故意的！）。 | 剃须效果一般，而且损失了剃须的乐趣。 |
| 安全剃须刀 | 可以使用质量好的刀片（只有刀片是可替换的），刮伤的概率大大降低。 | 需要留意刀片的存量。也可能刮伤，但比直剃刀好多了。 |
| 直剃刀 | 把剃须变成一种艺术。如果能熟练地使用，那么它是你的完美搭档。 | 用直剃刀剃须是与命运挑战。不过对手笨的人来说，请记住：爱是克制！爱它就别用它！ |

**建议**

当刀片不再是切断胡子而是勾住胡子时，就该换了（如果是直剃刀，就该磨一磨了）。

| 剃须产品指南 | | | |
|---|---|---|---|
| 剃须泡沫 | 剃须啫喱 | 剃须膏 | 剃须皂 |
| 所有超市都可以买到，满足大部分男人的需求。注意，有些产品可能会含有过敏或刺激性成分。包装不环保。 | 与剃须泡沫一样好买。它的质地决定了能让剃须前的准备效果更好。啫喱是在皮肤上发泡，也可能含有刺激性成分。 | 管装或罐装，是已经经过起泡程序的肥皂，既保证了效果，也保证了效率。 | 固体形式，可以让你亲自动手制造厚密的泡沫，乐趣十足。它是最经济、最有趣的。这种产品要求你配有剃须刷。使用它，你就可以体验最传统的剃须时刻了。 |

● **刷子的艺术**

剃须刷又叫獾毛刷，使用的便是这种动物身上的毛。

将剃须皂抹在脸上再用刷子刷出泡沫的过程，也是按摩皮肤、让胡子膨润、去除角质的过程。剃须刷的刷毛有很强的吸水能力，因此可以让泡沫丰富绵密。也有使用合成毛、马毛或野猪毛做成的刷子，价格更低，但效果也要差一些。

● **不同的刷毛**

**纯獾毛：**入门级产品。触感较硬，是用来去除脸部角质、刷出美丽泡沫的理想产品。

**最佳獾毛：**中端产品。刷毛比前一种更密集，触感更柔软。

**银尖：**质量最好。毛又长又软，顶部为白色。触感特别柔软，是剃须膏的绝配。

每次用完剃须刷后，将刷子用温水冲洗、沥干，毛朝下风干（剃须刷的架子绝对是必买配件）。

# 剃须刷的用法

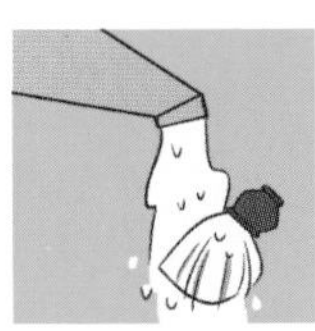

1. 第一步是让刷子湿润。将刷子放在温水下冲洗，然后用手压刷毛，挤出多余的水分。

2. 用刷子在剃须皂上画圈，无需太用力。一分钟左右之后，泡沫应该会开始渐渐出现。

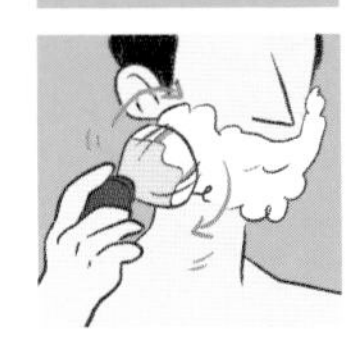

3. 当你觉得泡沫密度差不多了的时候，以画小圈的方式用剃须刷将泡沫涂在脸上。这一步也同样按摩了皮肤，让胡须变得膨润。

4. 现在顺着胡子的生长方向开始工作吧。

## 最佳剃须流程

最好在早上剃须。那时，皮肤处于一天中最有活力的状态，能降低刮伤的概率。要在早餐之前刮，因为咀嚼会刺激脸部的血液循环，更容易导致出血。另外，如果你手边准备了一件刚烫好的白衬衫，一定要在剃须完成后再穿。要知道，即便是一个小血点溅到领口，也会被周围的人一眼看到，那样就不好玩了！况且我们不是随时都备着替换的衬衫的……

**小知识**

对于那些喜欢边洗澡边刮胡子的人来说，只要将一滴洗发水涂在镜子上，就可以避免水汽的凝结。

# 完美剃须法

1. 如果你的皮肤特别敏感，请务必使用须前产品（油或霜），可以让剃须刀的移动更顺滑。
2. 接下来以打小圈的方式使用剃须产品：好好按摩，让皮肤软化、胡须膨润。
3. 顺着胡须生长方向刮。不要太用力：刮掉胡子的是剃须刀，不是你的手。时不时地将剃须刀用水冲洗，去掉上头附着的过多泡沫与胡须。
4. 为了让剃须效果更完美，假如你的皮肤不是很敏感，可以重新上一次剃须泡沫，再刮一次。不过这一次要逆向来刮。

**小建议**

使用直剃刀的人一定要好好地软化皮肤：刀片与皮肤间应该形成30° 斜角。轻柔缓慢地进行——这点很重要，因为直剃刀会刮掉所有凸出来的东西！所有！

## 完美的收尾

使用须后产品为皮肤再次补水，一定要选择气味柔和好闻的，避免太强烈的。注意配方中不要含有酒精。

最后一个细节，检查可能从鼻孔或耳朵里冒出来的不听话的毛发，用小电动剃须刀或镊子（手笨的人用后者）处理掉它们。只用处理长出来的部分即可，放过其他还在里头的——它们是好孩子！

**抢救受伤皮肤**

如果再三注意后还是在面部留下了小伤口，可以用冷水打湿的明矾护肤石来止血。更严重的伤口则可以选择特殊须后棒来处理。

# 帅气络腮胡的秘密

**想要干净又好闻的络腮胡：**只要做好清洗的步骤就可以。你可以用平日里的洗发水，也可以采买胡须专用的香波。哪种都行！

**想要丝滑柔顺的络腮胡：**用胡须专用的精油滋养，然后用刷子好好梳理。这一步可以补水、留下香味，以后再也不担心胡须会刺痛伴侣的脸了。

**想要均匀的短络腮胡：**如果是自己动手修剪，最简单的方法是使用搭配了络腮胡专用刀头的电动胡须修剪器。在修剪之前先梳理胡须。想要胡茬造型，把刀头的修剪长度设定为3毫米即可。

**想要边缘利落干净的络腮胡：**头抬高，先确定胡须长度——络腮胡的最佳长度是在喉结上方1厘米处。当然还要露出脸颊：在嘴角与耳朵中间画一条线——这条线是直是弯取决于你自己的喜好。

**如果你的络腮胡上有一些“空洞”：**买一支与胡子颜色一致的眉笔。在空洞处轻轻点画，用手指擦开，然后你就能拥有完美的络腮胡了！但要注意的是，如果洞太大，这样的小花招就没法骗人了……

## 好看上唇须的秘密

想要有好看的上唇须，请记住下面这条基本规则：嘴唇与嘴角都不能被胡须挡住。想达到这样的效果其实很简单：好好梳理胡须，让它朝下，再用一把小剪刀修剪，让胡须保持在离上唇与嘴角1毫米的位置。

上唇须的轮廓线应当非常清晰。你可以用镊子（虽然有点疼，但别怕！）拔掉不听话的毛发。

无论选择哪一种风格的上唇须，想保持最佳效果，每天都要修剪打理，把其余部位的胡须刮得干干净净，这样才能令上唇须完全凸现出来。

**想要细细的上唇须：**将上唇须的上部刮掉，下缘离嘴唇1毫米。再将嘴巴抿起来，让皮肤紧绷，从鼻子下方开始刮。接下来就是继续修剪，让两边高度保持一致。

**想要长而浓密的上唇须：**为什么不尝试一次有些特殊的形状，如“法式小胡子”？想要两端往上翘，必须用到胡须蜡。用拇指与食指取少许造型品，抹在胡须尾端，轻轻地卷起即可。

## 剃须店的回归？

在全世界许多大城市，剃须店又渐渐开始遍地开花。在复古的氛围中，我们可以享受到热毛巾敷面与直剃刀刮胡的服务，而无需担心自己手笨留下伤口。

这类店门口通常有红白蓝螺旋形转动的灯柱。在中世纪，剃须匠们因其精湛的用刀技术还经常承接小型外科手术业务，例如放血、拔牙……这种灯柱代表了血与病人的绷带。

到了路易十四时代，做外科手术成为一个独立的职业，剃须也是。如今，剃须匠们还是理发师（反过来则不一定成立），工作范围只限于修剪、保养我们的毛发，让我们流血就不再属于他们的职责范围了。

# 4

# 点睛饰品

在有些人眼中，西装是抹灭穿着者性格与特点的“制服”。不过，如果说传统认为女性的衣橱中通常有更多样的类别、更繁复的单品，那么这样的现象正在悄然改变。男人们一点点发现了原来小小的饰品可以给他们增加优雅与个性，展现他们的个人风格，提升他们的魅力分值。

但是，饰品的使用应当谨慎而节制，务必不要让自己变成一棵热闹的圣诞树。在这一章中，我们将告诉你关于饰品的一切，让你远离其中暗藏的陷阱。

“奢侈关乎金钱。优雅关乎教育。”

——萨沙·吉特里[1]

[1] 萨沙·吉特里（Sacha Guitry，1885-1957），法国剧作家、演员、导演、编剧。

# 口袋巾的艺术

口袋巾是一块放在西装外套胸前口袋里的方形布料（尺寸通常是33厘米×33厘米）。它可以为西装增添一抹色彩与风格，让你变得分外迷人。虽然在历史中，男人们带口袋巾的目的是为了擦汗与擤鼻涕，但现在最好还是不要有这样的动作了。毕竟一位真正的绅士应当在任何情况下都遵守礼仪……

口袋巾的优雅在于它多样的折叠方式，以及它与身上其他单品（例如衬衫、袜子、领带，甚至是袖扣）在色彩与图案上的精妙呼应。从这一条原则出发，你便知道绝对不能挑选与领带面料一致的口袋巾。同样的，与西装一同打包出售的口袋巾也不能用。想要与众不同，在人群中熠熠发光，一定要注重细节。口袋巾的面料可以选择麻、棉、丝、羊毛……其中，真丝口袋巾因为其闪亮的光泽感特别适宜与礼服搭配。

现在，让我们上一堂“折纸课”，一起来学习如何让口袋巾变成点亮整套服装的神奇单品。

## 口袋巾的折法

### 平折法

**平折法是提升整体服装时髦度的经典方法。在职场中也同样适用。**

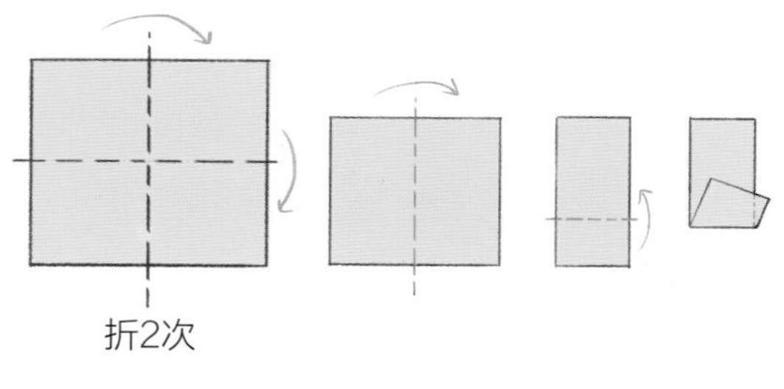

1. 将口袋巾铺平。对折再对折，得到一个更小的正方形。
2. 再对折一次，得到长方形。
3. 从下往上折，使整体长度合宜。

把折好的口袋巾放进西装外套的口袋里，再略略调整一下，让它看上去更漂亮。这样就大功告成了！

## 蓬松折法

**这种折法十分优雅，适合婚礼这类庆祝场合。**

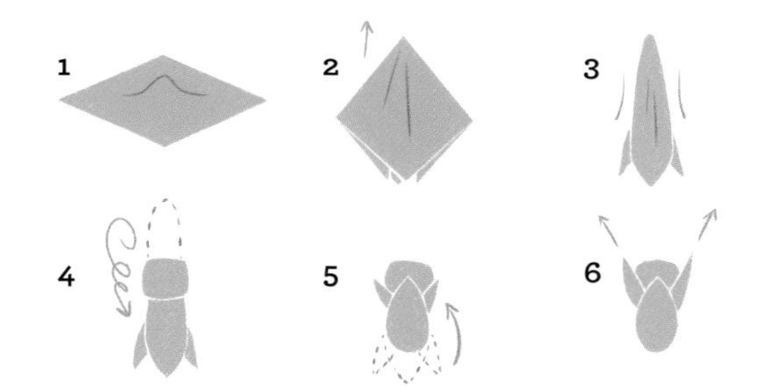


1. 将口袋巾铺平。
2. 从中心处提起。
3. 捋一捋，让整体的体积变小。
4. 把口袋巾的上部往一边折。
5. 把下部往上翻。
6. 把四个尖往上拉提。

将折好的口袋巾放入外套胸前口袋中。

效果拔群！

## 单尖折法

**这种折法的低调决定了它既可以出现在工作场合，也适用于私下聚会。**

1. 将口袋巾对折再对折，做出一块小方形，摊平。
2. 对折，让两角对齐。
3. 将一边的角往内折。
4. 另一边同理。

将折好的口袋巾放入外套胸前口袋中，接下来就请尽情欣赏你的杰作吧！

第2步时如果不对齐，便是双尖折法，更加精致考究。

## 挑战背带

在这个时代，使用背带常常被看作是一种老派且过时的穿法。不过恰恰相反，这种穿法其实很优雅，既能保证裤子不往下跑，同时因为腰部没有压力，可以让裤子的布料呈现出自然、漂亮的垂坠感。

如果你的裤子是高腰，且腰部里侧有6至8粒扣子，那么就可以使用系扣式背带来塑造整体风格。没有的话，不妨找个裁缝在裤腰处加上扣子，把原本留给皮带的裤袢拆掉——反正也用不上了。

系扣式背带

最后的最后，如果暂时什么也做不了，那你依然可以使用夹式背带。虽然优雅程度有所减少，不过它的确是很实用的配件。

## 露出你的领带夹

最初，领带夹的使用范围只限定在一些需要时常鞠躬的特定职业中：空服人员、餐厅侍者……如今，这种饰品可以出现在任何场合、任何职业，为整体着装带来一种冲撞感，增加不同的色彩，不同的材质（金属、木头……）

### 佩戴领带夹

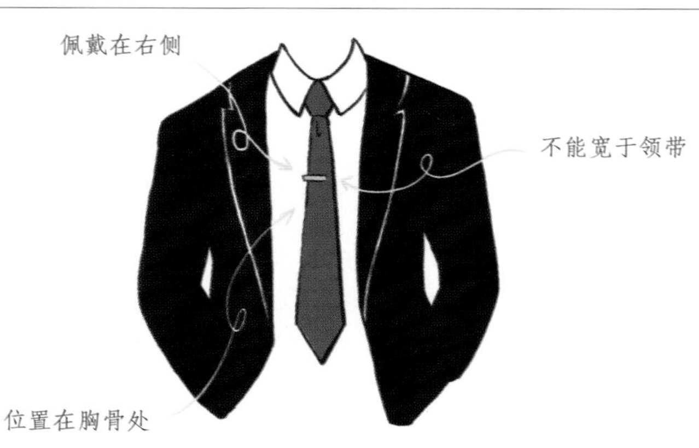

## 尝试领巾

当天气渐渐转凉，冷风开始刺激你的扁桃腺时，你也许会开始思考如何才能躲开支气管炎，但又不想太快用上冬天的厚重围巾。为什么不重新考虑领巾呢？除了可以保护喉咙，它还能令你的整体造型加分。

领巾可以为佩戴者营造一种休闲感，同时不失优雅。你可以在任何场合使用它来取代领带或领结，无论是在工作中，还是特殊活动里，例如一场晚宴或婚礼。你可以挑选图案特别的领巾，聚焦目光，展现个性。

领巾的系法也很简单。

### 领巾系法

领巾的形状很多，有方形、三角形、菱形等。选择适合你身形的领巾：必须够大到可以轻松地系起，但也不要太大，这样才能保持低调与优雅。

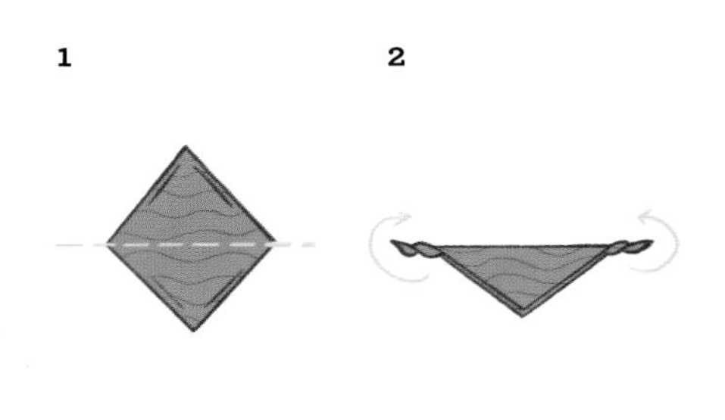

1. 将领巾沿对角线对折。
2. 两角扭转。
3. 绕过脖子，把两端塞到衬衫下，在后颈处打两次结。
4. 调整一下，让整体看上去更美观。

**你知道吗？**

领巾并不是女性专属。从前男人们也使用这种配件，把它称为“脖子上的手帕”。

# 阿斯科特领巾

阿斯科特领巾（Ascot tie）是英国人使用的领带的变种。它是一种颈部细、两边宽的缎带，名字则起源于每年阿斯科特赛马场（位于伯克郡）举办的著名比赛。在这样一场社交盛事中，优雅是最重要的。阿斯科特领巾能让你变身为真正的英伦绅士，可以随时体面地迎接乘坐四轮马车而来的女王（万一呢）。

剩下的就是学习如何系它了……

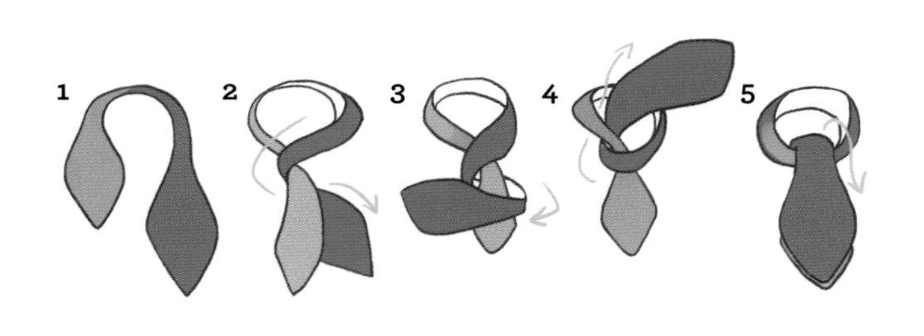

1. 将领巾绕脖子，更宽的一端要更长。
2. 将较宽部分绕过较短部分，并保证前者位于下方。
3. 将较宽部分再绕一次。
4. 从上方穿出。
5. 将较宽部分取出，注意不要穿过结环。

调整一下，让脖子可以被领巾遮住，然后将它塞进衬衫里。

**注意**

无论是使用普通领巾还是阿斯科特领巾，衬衫最上方的两粒扣子不能扣上，这样才不违背这种配件的休闲感。想提升时髦度的话，仅留一粒扣敞开即可。

## 与袖扣一同闪亮

现在你终于知道为什么衬衫的袖子要长过西装了：因为要展示你的袖扣！袖扣可以固定火枪手袖口。它是能在男士身上光明正大出现的少数珠宝之一。

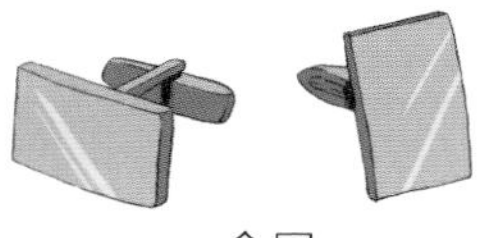

金属

袖扣能大大提升服装的时髦程度。你的选择同样很多：宝石或非宝石，精致或粗犷，甚至有用织品制作的（如绳结款）。

绳结

## 袖扣的佩戴

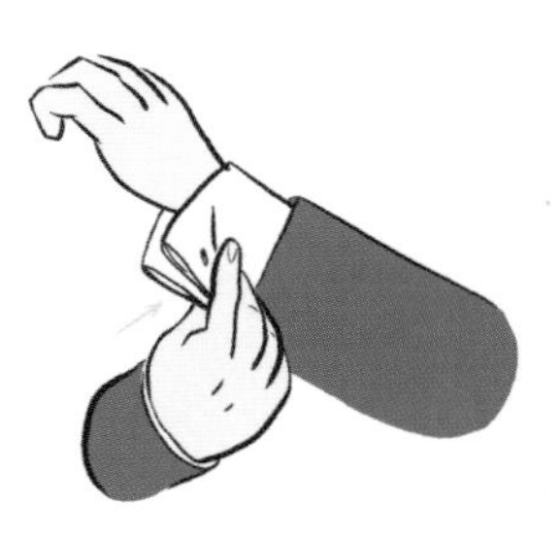

1. 将袖口两端拉紧。

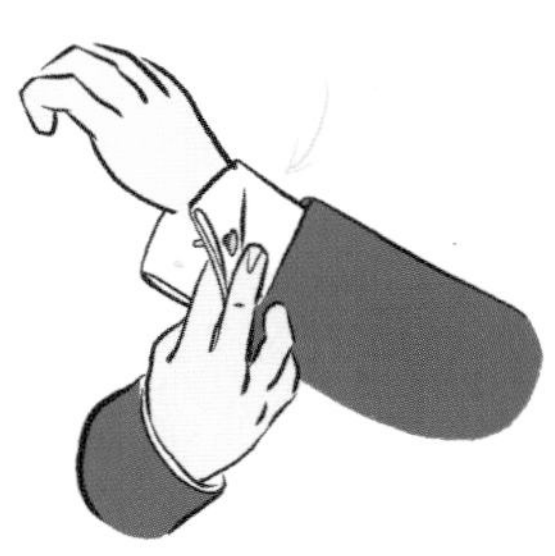

2. 将袖扣从扣眼中穿过，固定处朝内。

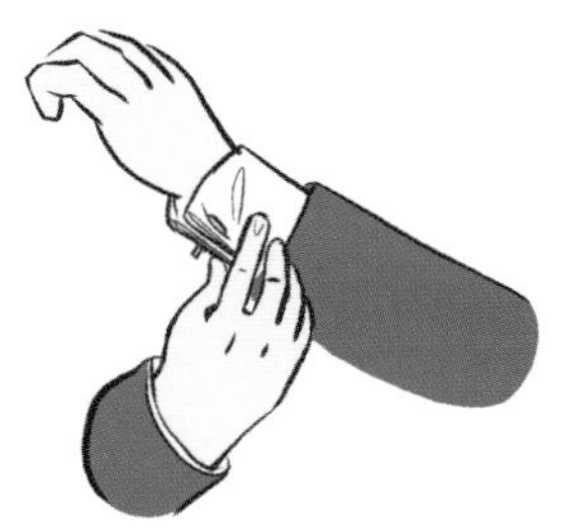

3. 将袖扣固定。

虽然袖扣可以进一步展现主人的爱好与兴趣，但请保持低调，因为你的同事对你的个人喜好没有任何好奇。

几种应当避免的袖扣类型

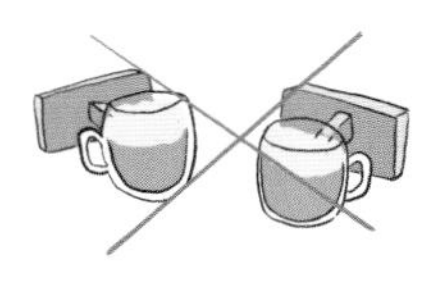

# 与腕表一同活在当下

虽说腕表的第一功能是指示时间，但它其实更能展示一个人的态度与性格。你是优雅低调，还是强势霸道；是冒险大胆，还是雅痞时髦？

选择腕表的关键在于款式应当与你的着装风格保持一致。不过，服装风格可能因场合而有所改变，因此许多人会收藏好几款不同类型的腕表。

## 表盘

表盘的尺寸对腕表的风格气质起着决定作用。

- 38毫米的表盘适合纤细的手腕。
- 40毫米的表盘适合粗细适中的手腕。
- 42毫米的表盘适合强壮的手腕，增加存在感。

## 表带

改变一支腕表的风格其实无需购入新表，更换表带即可。用皮革来营造优雅，用金属来强调男性的阳刚，用金属编制表带（如米兰尼斯表带）来体验变化，用尼龙表带来增加一抹色彩。

## 动力

腕表运转的动力机制有好几种。石英表搭载的是电池，每隔两年需更换一次。

腕表届的某些“精英”拒绝选择自动表。他们或选择传统的发条式，享受每天清晨亲手为腕表上链的那个瞬间；或选择利用手腕摆动来提供动力的款式。

正确地佩戴怀表

**想更加与众不同？**

试一试怀表吧！即使是看看现在几点这样一个简单的动作，也会优雅翻倍。穿上有特制口袋的马甲，你就是优雅的代言人！当同事手机没电时，你貌似随意地拿出怀表轻扫一眼，绝对立刻成为全场焦点！

# 用帽子表现个性

在20世纪初，男人们出门时不能没有帽子。戴帽子的理由有很多：遮风挡雨，保暖，防晒……或者单纯为了美观。

**法式毛毡帽**

受到许多美国巨星的追捧，令这种宽帽檐的毛毡帽变得魅力十足。其中最出名的牌子是Borsalino。

**爵士帽**

这种窄帽檐的毛毡帽有一种落拓不羁的感觉，好像身体里住进了艺术家的灵魂。

**平顶草帽**

在20世纪初的塞纳河畔，许多巴黎人都头戴这样的硬草帽。这种边缘平整、有缎带装饰的编织草帽很适合户外野餐。

**巴拿马草帽**

这种草帽起源于拉丁美洲，质地柔软，帽檐很宽，是夏天的必备饰品。如果是手工制作出，可以轻松卷起，易于收纳。

**报童帽**

这种有帽舌的软帽时髦又休闲，是休闲西装的绝配。

## 何时该摘下？

- 走进室内时应取下帽子。
- 吃饭时应取下帽子，除非在室外且烈日炎炎。
- 奏响国歌时应取下帽子，以示尊敬。
- 在被视为暂时停留的交通地点中可以不用脱帽，如机场、火车站……

## 向女士脱帽致意

轻轻向前弯腰，同时摘下帽子，帽子要与身体保持一定距离。

也可以微微点下头，同时轻捏帽檐。

## 其他更多饰品

- 你正在建立自己的人脉网，常常发名片：购入一个金属名片盒。
- 你需要签署重要的合同：随身携带一支优雅的钢笔。
- 你喜欢在口袋里放现金：改用钞票夹吧。
- 虽然吸烟有害健康，但你确实是个烟民：准备漂亮的香烟盒与打火机。

# 5

# 宴会穿着

在忙碌疯狂的工作之余，你值得犒赏自己片刻的娱乐时光。恰好，你刚收到了一份邀请！不过这并不是那种随便找家街边小酒馆畅饮的聚会，寄来的是一封正式的邀请函，上头注明了日期、时间与地点，下方还附有一排小小的字：敬请得体着装。别烦躁，毕竟任何正式宴会都一定会有着装要求！

若你有机会受邀出席这种隆重的场合，而又不想在服装上闹笑话，其实只要掌握几条基本规则即可。在这一章中，我们会帮助你破解宴会着装的难题。

“最成功的宴会是那些我们没去却还是时常挂在嘴边的。”

——萨尔瓦多·达利

# 休闲派对

在一场宴会中，我们没有任何理由要让自己默默无闻，平凡到被人海淹没。况且，着装也是一种对自己及宴会主人的尊重。不过，究竟该如何在普通与浮夸之间找到平衡？假如穿得太隆重，大家会觉得你不懂享受。相反，若不够隆重，又会显得落伍、老土、没礼貌。

## 值得重视的基本款

在这类型的宴会场合中，你的着装关键字应当是时髦与休闲，因此选择衣橱里的基本款绝对不会错。无需找出那些最耀眼的单品，尽管把它们留给更隆重的时刻吧。

### ● 上衣

衬衫、Polo衫……重点是一定要有领子！你可以选纯色、条纹、方格或小印花，都很不错。休闲衬衫完全符合这一类场景的要求。至于T恤、工字背心什么的，与哥们儿周末聚会时再考虑吧。如果你觉得短袖衬衫很适合，那只能说你真的错得很离谱……

### ● 外套

不成套的外套与长裤可以搭配得很优雅。你可以选择与长裤色彩不同的外套，但不是随便哪种都行，要选休闲外套。它是一种单品，而非成套西装中的一件。休闲外套最初是俱乐部里的英伦绅士或皇家海军身上的服装，色彩通常是海军蓝或灰色，看上去很时髦，但又比真正的西装少了一分严肃与正式。长裤与外套的色彩一定要差异明显。在这里，我们推荐几种不错的搭配供你参考：灰色或紫色长裤搭配海军蓝外套；蓝色长裤搭配灰色外套；棕色长裤搭配米色外套。

灰色休闲外套

**注意**

休闲外套的长度比西装外套要短。如果你盘算着用上班穿着的西装来“滥竽充数”、蒙混过关，没用的，其他人一眼就能看破。

## 套头衫

为了避免晚上太冷，可以加一件圆领或V领的套头衫。材质上的选择很多：纯棉、羊毛甚至羊绒——总之，根据你想要呈现出的优雅程度来定吧。

## 长裤

选择斜纹面料或法兰绒的长裤，也可以换成品质不错的牛仔裤。若想偷懒穿平日里的西裤，很可能会与周遭的其他人格格不入！而且，万一在派对里不小心把食物掉到西裤上，那多遗憾啊……

为了让整体形象看上去更自然，裤子最好选择如米色、海军蓝或灰色这样的中性色彩。在颜色搭配上，一定要与外套协调！举个例子，海军蓝的长裤就很适合白色或浅粉色的衬衫。

当然了，特别大胆的人完全可以挑战更特别的色彩，如芥末黄、大红色或威尔士亲王格纹……

## 鞋子

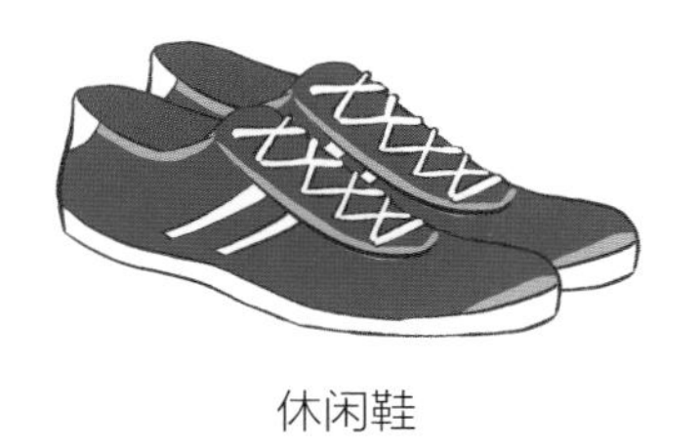
休闲鞋

选择休闲又不失优雅的款式。因此，那些魔鬼粘运动鞋或人字拖是绝对不可以的！选择一双麂皮或布的德比鞋，干净整洁的休闲鞋，甚至是靴子——如果你想突出自己身上那个摇滚灵魂的话。

## 符合主题

通常来说，所有宴会都会有一个明确的主题：炉边聚餐，户外烧烤，森林野餐……

### ● 冬日派对

参加冬天的炉边聚会时可以选择海军蓝斜纹面料的长裤或牛仔裤，搭配加拿大式的格子衬衫。这样既保暖，又符合当下热烈的气氛。如果再加上一件粗棒针的套头毛衣与一双靴子，整体造型会更加完整。

### ● 夏日烤肉

想贴合这样欢乐的氛围，格子或花朵图案的衬衫是很不错的选择。如果负责烤肉的是你，记得要穿围裙，或者避免穿浅色服装。否则，一点点油渍都会格外明显。

### ● 乡间野餐

草地野餐一定要避免不结实的裤子或浅色裤子。记得选择容易穿脱的鞋，例如船鞋、马克鞋、麻底布鞋……这样还能让你感觉自己更接近大自然。

### ● 鸡尾酒会

鸡尾酒会一般不会有特殊的着装要求。唯一的规则：简约但不简单。另外，知道如何调热门电影里的招牌鸡尾酒绝对大加分，一定会让你成为万众瞩目的焦点……

## 初次见面穿什么

在这类场合，至关紧要的是不要搞砸第一印象。选择优雅的着装，表现你对这次见面的重视，但切记也不要过度打扮，特别不要与地点、场合调性不符，或与对方的衣着相差太多。

- **酷暑**

如果地点在户外，需要顶着炎炎烈日，那就忘了那些风格考究的衬衫吧——汗流浃背之后，它只会让你更显狼狈。是时候拿出衣橱里浅蓝色或卡其色的亚麻衬衫了，下装可以搭配一条时髦的百慕大短裤。

为了避免暴晒，同时让造型更完整，请带上你最喜欢的帽子，比如巴拿马草帽（参见第74页）。鞋子方面，麻底布鞋（当然不要穿袜子）是完美的选择，既可以让双脚自由呼吸，又比普通的凉鞋优雅时尚。穿上前检查一下是否法国制造及鞋子的状态如何，有无脏污、破洞等。

## 维斯帕鸡尾酒

（传说中007詹姆斯·邦德挚爱的鸡尾酒）

**原料**

- 20毫升伏特加
- 60毫升金酒
- 10毫升白利莱酒
- 冰块
- 少许柠檬皮丝

1. 在调酒器中倒入冰块、伏特加、金酒与白利莱酒。
2. 盖上瓶盖，优雅地摇起来吧。
3. 将调好的酒倒入鸡尾酒杯中（注意不要把冰块倒进去）。
4. 放入柠檬皮丝。

乔治先生在此想提醒大家：过度饮酒对健康有害，也会有损你的绅士形象。

# 时尚聚会

一场时尚晚宴可以是一次下班后潮流酒吧的聚会，一场画展的开幕式，一个新地标的落成酒会……在这样的场合里，人们会期待你的服装比平常“高”一个等级。这种场合的邀请函上可能会标注“酒会晚礼服”“非正式着装（informal attire）”等词语。

## 恰当的着装

着装规则要求男人们身着西服……是不是有点回到办公室的感觉？因此，你需要发挥创意，根据晚会的氛围搭配出有风格的服装。

### ● 衬衫

必须很合身，突出你的身材。色彩的选择很重要，尽量避免让大家想起你在办公室的那一面，所以务必拒绝浅蓝色。太深的颜色会像安保人员，也不好。白衬衫是最保险的安全牌。如果够大胆，那就不妨挑战细条纹或小印花的衬衫。

### ● 裤子

从你最喜欢的西服套装里拿出西裤。它一定要能为你及你的臀线（也许是你最好的王牌！）大加分！如果你不打算穿配套的西服，那在色彩搭配上要多费些心思。

### ● 外套

必须与衬衫一样修身。你可以直接选择平日西装中的外套。不过，绒布材质、一粒扣、缎面驳领（具备以上一个或几个特点）的礼服外套（海军蓝、深绿色、紫红色）绝对能更凸显你的气质。请谨记我们的目标：看上去越时尚越好！

一粒扣绒布外套

● **鞋履**

选择牛津鞋或德比鞋，提前上好蜡，如果能进行镜面处理（参见第123页）更好。别忘了它要与皮带的颜色一致（强迫症患者还可以配上同样颜色的皮表带腕表）。

## 让着装更个性

你现在穿得非常得体。但这就足够了吗？当然不是！今夜允许你跳脱日常、尽情幻想，为什么不好好利用这次机会呢？在着装中加入几处点睛细节其实很简单，但瞬间就能彻底改变西服套装白日里严肃的形象，让你变身夜晚的花蝴蝶，放飞自我。今晚，你有权午夜过后再回家。

- 戴上你的彩色袖扣：在办公室略显高调，但适合今晚。

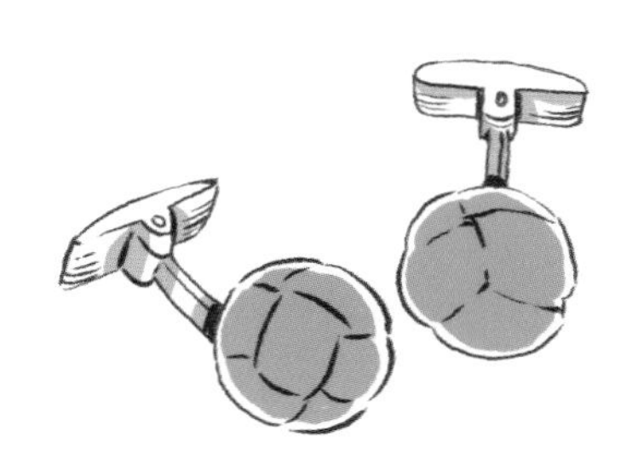

- 用色彩鲜艳的口袋巾点亮整套服装。如果它的颜色与你的袖扣或袜子一样，那效果更爆炸！想要更优雅，学一学如何折叠它（参见第66页）。

- 把工作时用的领带换成编织领带或细领带。搭配修身外套，突显出你时髦、年轻的那一面。

- 如果现场的氛围允许你稍微越个界，可以不必系领带并打开衬衫最上面的两粒扣。当然，这是最后的后手，别轻易使用这招。万一有人上下打量你，就得快速把扣子扣回去，否则你可能会被请出场地，没法享用美味可口的自助餐了。这可太遗憾了，毕竟这没准是你出席的主要目的，没错吧？

# 走进酒吧

去酒吧可以说是当代青年的焦虑源头No. 1。但只要注意几点，你完全可以让自己不一样……

优雅是必须的。身上主打一件有质感的单品，能加很多分。举个例子，选择一件合适的西装外套便能创造奇迹，特别是下身搭配牛仔裤，效果更好。想简单一点，一件够经典的衬衫即足够。另外，可能出乎许多人意料，篮球鞋也不是不能穿，但风格要干净、低调。记住，进酒吧的不止你，还有你的朋友们。因此，每个人都要遵守这些优雅的大原则。

再就是注意你的态度，这也会产生大不同。一切都在于“度”：要自信，但别太过；要微笑，但别太多；要友好，但别太装；要有活力，但别太假……万一让酒吧的安保人员觉得你已经灌下了5杯伏特加，那你今晚的娱乐时间就得提前结束了。

# 礼服晚会

吸烟装是现代社交晚会的最佳服装。无论是去赌场、走戛纳红毯，或是出席任何一场重要的活动，都可以直接闭眼穿上它。

邀请函里但凡有任何“黑领带”字样的着装要求或其他类似的注明（black tie，BTO=black tie only），都只给你留下了一个选择：吸烟装。这种服装真的很重要……

## 一点历史

最初，晚宴之后，男人们需要穿上一件特定的外套去吸烟，这样可以避免原本的服装染上烟味。1860年，当时的威尔士亲王爱德华七世觉得这种外套十分舒适，决定整场晚宴都穿着它。一开始这个举动令人跌破眼镜，震惊不已！然而后来大家纷纷效仿。很快地，整个英国贵族阶层都开始风靡这款穿着。

**吸烟装（Smoking）与无尾礼服（Tuxedo）**

为什么美国人管吸烟装叫“Tuxedo（纽约州的一个城市名）”？据说一位美国富豪来到英国时特意买了一件吸烟装与爱德华七世晚餐。回国后，他穿着这件礼服出席了Tuxedo Park Club（德克斯朵公园俱乐部）的晚会，想与众不同。同伴们觉得这件礼服比燕尾服实用多了，开始仿效，因此吸烟装在美国就叫作“Tuxedo”。现在你知道这两个单词指的是同一种服装了吗?

## 吸烟装的着装规则

作为一种晚宴服装，吸烟装绝对不能出现在傍晚至晚上以外的时间段里，否则只能证明当事者的品位还需修炼。

### ●外套

吸烟装的外套为黑色或海军蓝。奶油色也可，但只限定于海边的时尚派对或游艇聚会等场合。

外套永远扣着，哪怕坐下时也要如此。它没有下摆的开衩，驳领为缎面，风格有单排扣与双排扣两大类。具体到款式上，则有好几种选择：

**戗驳领**

这是最原始、最经典的款式，让你在各种场合优雅如一。

**圆翻领**

流行性颇高的款式，常见于男明星身上。

**双排扣**

最适合成熟男性的款式，营造无瑕疵的魅力。

### ●衬衫

选择府绸材质的白衬衫。纽扣可以是隐藏式的，也可选择可移动的钉扣（Stud），但要注意与袖扣之间的搭配。前胸部位要有风琴褶或胸衬，哪怕这样的设计现在看来有点过时。另外，一定要选择没有胸袋的款式。领子可以是经典领或礼服领，搭配火枪手袖扣——缺了它，你要怎么佩戴那些袖扣呢？

### ● 领结

吸烟装在英语中是“Black Tie（黑领结）”，这已经明示了它永远只和领结搭配——唯一的规则。选黑色，大小合宜，然后用心地系上（参见第101页）。

### ● 裤子

吸烟装的裤子在裤腿两侧可以有一到两条缎带装饰。长度以不会在鞋子上形成皱褶为准。缲边要简简单单，没有翻折的设计。如果裤子能稳稳地落在髋部，那么它与衬衫之间的分界线可以用“腹带（cummerbund）”这种宽腰带（折叠时由下往上）来遮住。如果宽腰带无法固定住裤子，则可以借助背带，再用大领口（深V、深U领）的马甲完美将这些“小花招”藏起来。

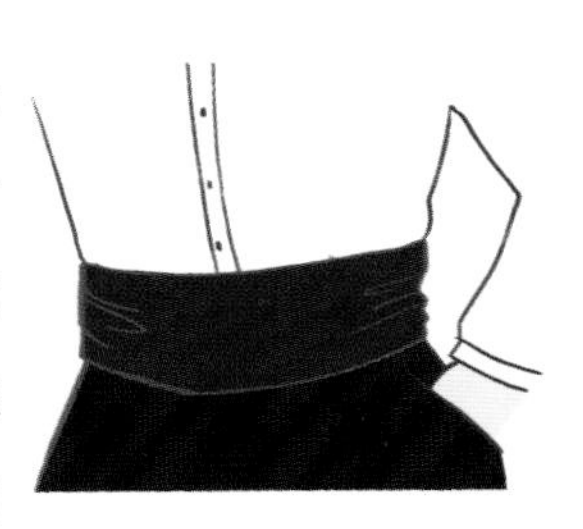

腹带

**注意**

对于完美主义者、刚才走神没仔细看的人以及时刻害怕裤子垮下去的焦虑症患者，一定要注意：在腹带与马甲之间，只能二选一，绝不能两个一起用！

### ● 皮鞋

穿着吸烟装时，我们通常会搭配漆皮牛津鞋。绒布材质的礼服鞋或歌剧鞋（opera pumps）亦可。后者在现在很少见。如果你穿了它，立刻就能让别人知道你是时尚高手！

牛津鞋

礼服鞋

歌剧鞋

袜子的选择很简单，只要是黑色薄袜即可。

## 出门前的最后一次检查

- 摘下你的手表：这样更优雅，况且今晚你也不用赶时间回家。
- 在左领的扣眼处插上一朵红色胸花更好看。若没有，将白色口袋巾用平折法折后放到胸前口袋里装饰也很不错（参见第66页）。
- 如果天气比较凉，记得穿上长度比外套更长的黑色大衣。想更时髦更独特，那就挑战斗篷吧。

**今晚，乔治先生要放大招啦！**

# 燕尾服皇家晚宴

在这个时代，燕尾服只会出现在皇家晚宴或驻外大使宴请这样的场合上。当然了，参加这类晚宴的机会很少，但万一发生了呢？所以还是提前做好功课，然后让我们一起期待收到国王邀请函的那一天……

所有写着“白领结（white tie）”“白领带”“着礼服出席”的邀请函都指的是这类服装……

## 一点点历史

燕尾服最初是英国贵族的骑马服装，后来逐渐演化成大家出席社交晚宴时的着装。

## 燕尾服规则

● **外套**

黑色，前短后长，后边有分开的两片下摆。扣子不能系上。

● **衬衫**

白色，府绸材质，礼服领，胸衬，火枪手袖口。袖扣的选择遵循时髦、低调的原则。

● **马甲**

必须是白色，双排扣或经典单排扣，长度不能超过外套下缘。

● **领结**

选择白色款，根据个人喜好来系。

● **长裤**

黑色，色调与外套一致。裤腿两侧可以有饰带装饰。

● **皮鞋**

选择漆皮牛津鞋，鞋面可有丝缎蝴蝶结装饰。

想让整体造型更完整，胸前可以加上白色石竹花。天冷时，黑斗篷既能保暖，又可提升气场。拐杖就完全不必了，已经彻底走入历史。

6

# 英俊新郎

终于到了那一天！结婚的日期已敲定，亲朋好友也收到了通知，再想回头就有些复杂了……必须让那一天独一无二！其中最基本的就是穿着一套特别的服装。

对一部分人来说，穿西装已经是工作中的一种习惯。对另一部分人而言，这却是一个有些沉重的概念，只会让即将进入人生下一阶段的焦虑更重上几分。也许接下来的这一章内容能帮助你镇定一些。关于婚礼服装，选择很多，每个人都可以找到最适合自己的那一套。在那一天，你一定会在大家面前优雅亮相。不过，目前的你还不是，还差那么一点点必须要做的准备工作。

“我结婚是因为可以光明正大地穿纯羊毛西装与真皮皮鞋：这是一条走向优雅的路。”

——米歇尔·欧迪亚[1]

[1] 米歇尔·欧迪亚（Michel Audiard，1920-1985），法国著名编剧及导演。

# 准备工作

如果你觉得向另一半求婚是最艰难的一步，那么只能遗憾地说：你错了。筹备婚礼更需要付出大量的精力与时间。挑婚戒，列宾客名单，找合适的场地，挑选餐厅厨师，确保菜品不会搞砸，预定“尊重”你音乐喜好的DJ，寻觅能还原你梦中场景的婚庆公司，购买最新鲜的花束……

然而，这其中最难的，还是与你的另一半和谐出现！

## 主要阶段

减少压力的方法无外乎将所有事情分门别类，逐项击破。下面我们列举了筹备一场婚礼要做的主要任务清单，帮助你从容应对。

| | | | |
|---|---|---|---|
| **提前 12 个月** | 确定日期 | 确定宾客名单 | 确定预算 |
| **提前 9 个月** | 选择地点 | 通知伴郎 | 确定行程 |
| **提前 7 个月** | 寄出邀请函 | 选择花店与音乐 | 考虑自己与伴郎的服装 |
| **提前 6 个月** | 挑选餐厅 | 购买定制的服装 | 选择红酒 |
| **提前 3~4 个月** | 选购西装 | 选购婚戒 | 将结婚材料交到市政府 |

## 如何挑选服装？

从衣橱里随便挑一套来迎接如此特殊的一天绝对不是什么好点子。如果人生中要有一套西装来代表承诺的重要，那一定是婚礼上的那一套。在选择西装时，还要考虑一些因素。

**● 婚礼的风格**

你的服装应当与那一天的风格相符。这场婚礼是传统还是独特？在城市或是乡村？在遵循婚礼风格这点上，你与配偶的着装也要和谐。你的西装与妻子的婚纱应当体现出同样的精神。假如你的结婚对象是男性，那么你们的服装则要保持同样程度的优雅，但绝不能是同一套。每个人都要表现出自己的个性。

**● 婚礼的主题**

这不是必需的，但通常来说，婚礼的装饰与一天里的活动都会围绕一个主题而展开：自然，旅行，高山，海洋，电影……服装可以与主题相关，但注意把握好分寸，不要太过头。

**● 婚礼之前**

提前准备总是最好的。如果你想用一套定制西装来迎接人生里的新阶段，那么一定要考虑到量尺码与试衣所需的时间。别忘了向裁缝咨询是否可以根据婚礼前的身材（万一有什么变化呢）重新做一些改动。

如果选择成衣，则务必多预留些空间，包括款式、尺码的挑选以及做改动所需的时间。

**● 婚礼的季节**

在选择服装时，也要考虑到那一天的天气。假如你的婚礼在冬天举办，那就选择暗色系、厚面料的西服。相反，如果是在阳光灿烂的时节，那么用浅色系、轻柔面料的服装搭配多彩的配饰会更好。

● **预算**

在这一点上，请尽管放心。即使在很有限的预算下，也可以穿出得体与优雅。另外，男士的西装通常比女士的礼服要便宜。不过，给自己确定一个尽可能别超过的预算上限还是明智之举。这样可以避免你一时昏头，莫名其妙多花了一大笔钱。

## 在哪里购买?

选购婚礼服装的地点可以分为两大类：一类是专门出售典礼服装的店；另一类是什么类型都有当然也包括重大场合礼服的大型服装店。

西装的风格与品质都很重要。在那一天，麻烦暂时忘记闪亮的材质与复杂的图案——哪怕你很爱很爱它们!

要多试几种不同类型的西装才能从中找到最符合你与婚礼风格的款式。不过，这一天虽然特殊，也不能让你忘记一套好西装的门槛：天然的面料，简单的色彩与图案，贴身的剪裁（参见第10页）。

如果找到了完美的西装，但价格有一些高昂，也许还剩下一个方法：等待打折。与很多人想象的不同，西装也会打折！提前做好规划，就更可能在打折季买到心仪的服装。保持优雅又精打细算：恭喜你现在已经完全具备了走入婚姻的资格!

**礼服租借**

租借一套新郎礼服也是可以接受的方案，尤其适合有以下需求的人群：肯定以后绝不会再穿；对东西没有留恋；想穿昂贵特殊的礼服（晨礼服、燕尾服等）。你必须提前做好规划，才能保证可以选择款式，租到合适的尺码。租借的礼服基本上无法进行任何修改。此外，你还要计划好周五去店里取礼服，周一一早还回去。这种方案考验着你的时间管理能力。

# 服装的选择

选择一套喜欢的服装是最基本的。它必须让你穿上后感觉很自在。为了更确定那一天自己将以什么面貌出现，不妨多尝试几种不同风格。当然，你也可以依据另一半的喜好来挑选，反正到底什么时候把人生的控制权交出去由你来决定。因此，从婚礼的那一天开始看上去也很合理。

## 两件套西装

如果你喜欢简单，那西装也应该反映出这一点：两粒扣的西装搭配一些配饰就完全符合。不过，直接穿工作时的西装很不好。在这么不平凡的一天，服装也应该与平日不同。

在色彩上，如果说海军蓝是职场的完美颜色，那么电光蓝（宝蓝色）则可以强调欢庆的氛围。条纹与小方格不一定是好选择，纯色会更适合今天最庄重的那一刻。

鞋子方面，你可以尝试不一样的颜色。灰色、蓝色或做旧的复古色都可以完美搭配蓝色西装。

如果穿两件套的西装，衬衫就变得更为重要。别忽略了它！一定要选择高档的衬衫。你可以从专门制作典礼衬衫的品牌里认真找一找。

## 三件套西装

三件套的西装可以让新郎看上去更精致，同时带一点怀旧感。马甲的存在让你即便脱下外套都能保持优雅，直到今夜的最后一刻。在服装选择上，一定要选品质最好的。至于颜色方面，你可以选择灰色系、蓝色系里的任何一种。

马甲是整套服装里很重要的单品。可以选经典的单排扣。如果想个人风格更强烈，则可选双排扣。马甲的上缘要比扣起来的外套稍微低一点；下缘要盖住裤子，不能露出衬衫。皮带尽量低调即可。

## 晨礼服

在西方传统中，晨礼服是最最理想的着装，甚至会让大家不约而同鼓掌。如果选了它，一定要懂得如何正确穿着，才能不浪费礼服的价值……

传统婚礼上，新郎父亲与伴郎也需要穿着晨礼服。新郎则以不同色彩的马甲、胸花、帽子与其他人区别。在当代，手套有点多余，你完全可以省略。

## 大礼服

有些店会向新郎推荐大礼服。它没有晨礼服那么传统，但也能凸显那一天的特殊性。马甲可以是象牙色，与外套形成漂亮的对比；也可以与外套颜色保持一致。长外套的长度不一定适合身材瘦小的人，所以一定要提前试过再考虑到底穿不穿。

大花结领结有皱褶，且比普通领带更宽。选择简单的领结也足够。

## 休闲田园风

如果说你坚决不想在婚礼上穿西装，什么也改变不了你！看完了这本书依然这么坚定！那么在选择休闲服装时，别忘了尽量保持几分优雅。

你可以穿水粉色系或小方格的休闲风衬衫，搭配花朵图案的领结或材质特殊的领带，再配上背带让整体造型更有风格。最后，加上一件不成套的牛仔外套或者印花、方格外套，效果翻倍。

鞋子方面，你可以用靴子或麂皮皮鞋来做一些改变。一定要保证它们干干净净，状态如新。

## 吸烟装呢？

现在，结婚时穿吸烟装已经成了潮流。但如同前文中写到的那样（参见第86页），一套吸烟装只能在晚上穿着。所以，假如你真的想穿吸烟装出现，那必须把婚礼安排到晚上。

## 两天的仪式

有时候结婚的仪式可能要两天才能完成（一天市政府，一天教堂）。如果是这种情况，千万别简单认为可以两天都穿同一套！想都别想！的确，这样做比较省钱，但只能体现出你的品位相当糟糕。请务必提前准备好两套服装！不过，你也不用为钱包担心，两套服装不一定都要特别高级。你与另一半决定好哪一天、哪一场更重要，把最好的那套服装留给它就行了。

至于另外一天，你可以轻松点，选择简单一些的服装。留给你的选择真的很多很多。

**Liberty（利伯缇）**

这是由Arthur Lasenby liberty设计的一类碎花图案，由其姓氏命名，灵感来自这位英国人的亚洲之旅，可以强调出婚礼的欢乐精神。你可以借助一些小配件来实现：领结，口袋巾……保证满满的田园风！

## 伴郎的风格

- **新郎这边**

你可以向伴郎们提供一致的配件（领带、领结、胸花等），凸显他们在这一天的重要意义。相反，别要求他们穿一样的西服，这样又费钱又麻烦。

与伴郎们一起为婚礼准备的时光很特别，可以说是见宾客前最后一点点放松的时刻。你们可以放肆讨论，大开玩笑，尽情享受属于你们的时间。这样可以帮助你释放一部分压力，与好友共同度过人生特别的一刻。

- **伴郎这边**

未来的新郎选了你做伴郎，这代表了他对你的信任。你要扮演重要的角色，出现在许多照片里，所以一定要表现出最好的状态！但也别过火——万一大家把你误认成新郎，就真的很尴尬了……

✿ 如果新郎确定了着装要求，请不要质疑，直接接受。这一天是属于他的。

✿ 如果他把选择权交给你，你也知道他会穿什么服装，那么就选择与他风格一致的，但把优雅程度调低。举个例子：如果他穿晨礼服搭配彩色马甲，你就可以选深灰色马甲；如果他穿三件套西装，你就放弃马甲……

✿ 如果他没说那一天会怎么穿，你就按照他往日的品位来吧——既然你是伴郎，应该相当了解他才对。调低优雅程度很容易，比如取下领带或口袋巾。反过来就比较难了。

# 如何迎接那一天？

婚礼马上就要到了，那一天的活动也已经安排就绪。现在的任务是好好保养自己，用最好的状态迎接那一天。

- 前3天：去理发店与剃须店。
- 前2天：剪指甲，保养双手。
- 前1天：准备好婚礼的服装。
- 前1天晚上：找专业人士修剪胡子。
- 当天：早餐好好吃，为接下来做好准备。

**小提醒**

如果你留了很久的胡子，它已经成为你的一部分。那么在婚礼前刮掉的话，大家可能都会花心思去想：咦，他胡子怎么没了？

## 婚礼套装

婚礼这一天很漫长，你将体会到各种各样的情绪。提前准备一些小物件，绝对派得上用场。

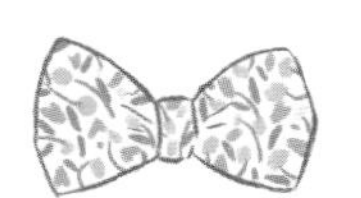

提前准备领带、领结或口袋巾

婚戒，自己保存或者把它们交给最信任的伴郎

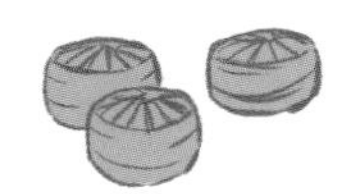

薄荷糖，为了亲吻的那一刻

晚餐开餐前的发言稿

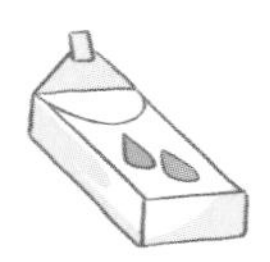

纸巾，为了最感动的那一刻

身体除味剂

平日用的香水，这一天别在这上面搞创新

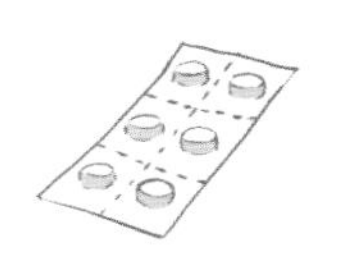

止痛药，如果这天头疼就太遗憾了

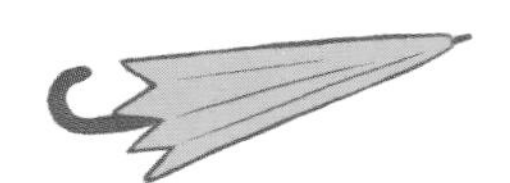

角落备一把伞，万一遇到暴风雨呢

## 配件

已经选择了为你帅气加分的服装，那么在小细节上加一些色彩可以让你更加有个性。

● **领结**

用领结来搭配服装是很棒的想法！领结可以点亮整体，为服装增添一抹色彩与个性。它还有很多材质可选：丝、绒、毛织甚至是木头！不用担心会皱！由你随意挑选，因为怎么选都很棒。唯一要注意的地方：确认它的大小合适。

将领结放在脸部，
对着镜子观察。

# 自己如何打领结

自己打领结可以看作是一种对自己及自身灵巧度相当自信的表示。在聚会的最后，漫不经心地将领结取下更是引人注目，甚至可以说是一种诱惑了……不过，想打好领结，一点点训练还是必须的。千万别等到典礼开始前的最后一秒才开始学习！

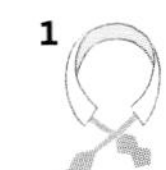


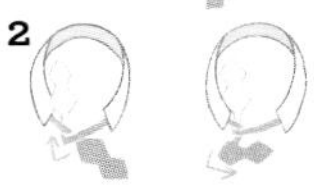


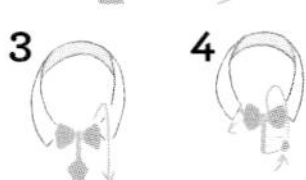


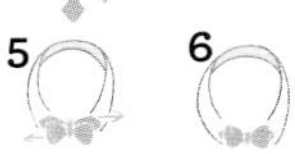


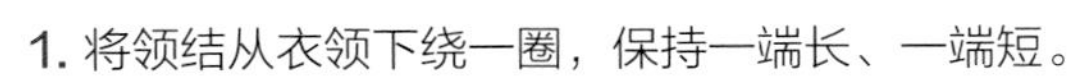

1. 将领结从衣领下绕一圈，保持一端长、一端短。

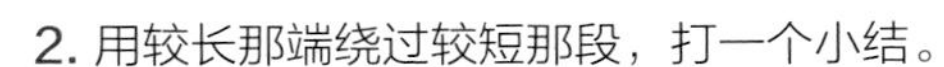

2. 用较长那端绕过较短那段，打一个小结。

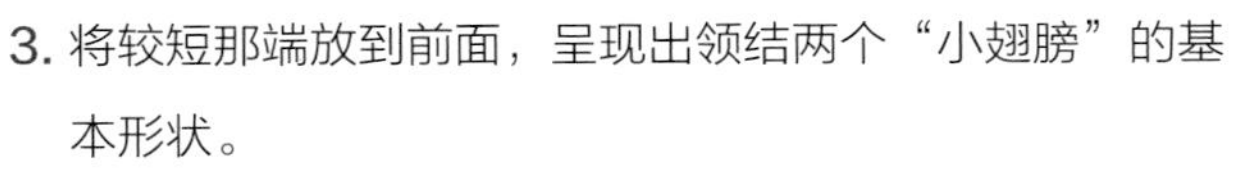

3. 将较短那端放到前面，呈现出领结两个“小翅膀”的基本形状。

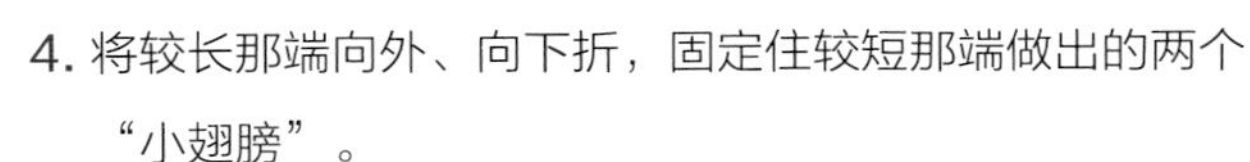

4. 将较长那端向外、向下折，固定住较短那端做出的两个“小翅膀”。

5. 将较长那端再围着领结绕一圈，从领结后的洞穿过去。
6. 最后进行整体的调整，接下来请尽情享受属于你的夜晚吧！

## 加胸花

胸花可以给整体造型带来一抹诗意。每位伴郎都可以在外套驳领处佩戴同款胸花。新郎的胸花则必须与众不同，花朵色彩或结构更复杂、精致。所有人的胸花风格都和谐会让效果更好。

你可以跟花店定制，也可以自己制作。这并不复杂。

# 制作天然胸花

第一步是选择花朵。花的气味与色彩必须与新娘的捧花、你自己的服装及婚礼主题相符。

### 材料

- 一朵漂亮的鲜花
- 一片漂亮的叶子
- 一小根树枝，上面有鲜艳的浆果
- 花艺中使用的绿色胶带
- 别针

1. 修剪鲜花的枝，让整体长度落在8厘米左右，将鲜花、叶子、浆果枝放在一起，形成一小束。

2. 将打开的别针纵向贴在花茎上。

3. 用胶带绕2到3圈，注意不要把别针的针包进去。

4. 保留超过胶带的花茎，这样它可以继续吸收水分。

5. 在佩戴前剪掉多余的花茎，再将胸花扣在外套驳领处。别针要别好，避免露出来。

# 第二天

诸位男士，请务必在接下来的周末依然保持翩翩风度，所以要提前准备好时髦的睡衣以及优雅的休闲装。

## 婚礼之后，新郎服如何处理？

你担心新郎服在婚礼上出现一次后就永远住在衣橱里再也不出来？别惊慌。接下来，你还有很多机会给它第二次生命。两件套、三件套的服装可以出现在任何隆重的场合。晨礼服则可以在你以伴郎身份出席别人的传统婚礼时穿着。如果你选择的是大礼服，那么要知道有些店可以把它改短成日常可穿的外套，不妨提前与西装裁缝确认。

蜜月旅行的服装选择起来简单很多。你总算可以放轻松了……

# 7

# 旅行也优雅

旅行，是一种对平日的逃离，也是一种对新的世界、新的人与新的生活方式的发现。在旅行中，许多人都会暂时性地放下原则，只图舒适，胡乱穿衣。然而，想做一名真正的绅士，应该在任何地方、任何场合都保持优雅。我们完全可以带上衣橱里最好看的行头，优雅旅行。如果是一场商务旅行或参加地球另一端的婚礼，那优雅就更必要了。

实践这一章里的建议与小窍门之后，你可以成为一名真正的“雅痞旅行者”，优雅前往世界的任何角落，在抵达时神清气爽、完美亮相。

“购买一套新西装就已经是在国外旅行了。”

——格劳乔·马克思[1]

[1] 格劳乔·马克思（GROUCHO MARX，1890-1977），美国喜剧演员。

# 旅行前的准备

马上就要出发，但别想着随便带个双肩包跳上飞机就好了！要做优雅的男人，首先应当学会规划……

## 了解目的地

收集目的地的信息非常重要，这样可以避免到达之后陷入窘境。了解当地的风土人情能让你更聪明地挑选旅行时的服装。

### ●行政手续

前往有些国家必须要提前申请签证。请早做准备。这些手续有时昂贵，费时颇长。有些国家还要求护照在入境时有6个月以上的有效期。

### ●海关与金钱

以下是要与你的银行确定的几件事：银行卡是否可以在国外使用？额度是否足够？是否有相关手续费？

提前了解目的地国的关税及消费税等税务手续，方便当地的购物行程。这样可以避免账单价格出乎意料。

**贵宾室**

贵宾旅客可以享受机场的贵宾室服务（洗澡、饮料、零食、杂志、沙发……），这样漫长的候机时间也不至于太难熬。如没有贵宾卡，但衣着考究，再小小发挥一下你的口才，通常也可以进去。

### ●健康方面

有些国家要求你注射某些疫苗。如果你对此有疑问，请提前与医生咨询。

你在国外有保险吗？没人希望你遇到糟糕的事情，但如果遇到意外，必须在当地医院接受治疗很可能会产生极高昂的费用。有些机构为国际旅行者提供特殊的保险项目。

## 行李整理

接下来要选择合适的箱子，保证装得进你旅行时需要的东西，同时要方便移动。为了避免失误，有几点要注意。

◎ **旅行的时长：** 显然，时间越长，要带的衣服越多，且必须要考虑服装的变化。

◎ **洗衣服的可能性：** 如果可以在旅途中洗衣服，那么所需服装的数量可以减少，箱子也不必那么大。

◎ **目的地的气候与季节：** 如果天气炎热，要多带一些内衣与衬衫。如果很冷，则要多带毛衣与保暖内衣。

◎ **旅行的目的：** 旅游、商务、参加典礼……再根据它来确定服装的风格。

**软包**

皮质或帆布，很优雅，有一种田园绅士的感觉，但衣服可能会被压坏。对于周末短途旅行很理想，但是商务旅行不太合适。

**登机箱**

体积小，材质坚硬，有滚轮，很适合出差使用：移动方便，可以保护西装，还可以放入机舱内；不过容量很有限。

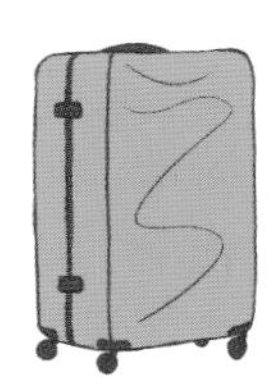

**大旅行箱**

它具有登机箱的一切优点，且容量大，可以满足各种类型的旅行；但要提前托运。

**双肩背包**

想在旅途中解放双手，那你的好伙伴一定是它了。不过，双肩包无法保护服装，而且会让你看上去像是年轻的背包客。徒步旅行时可以选择这种包款。

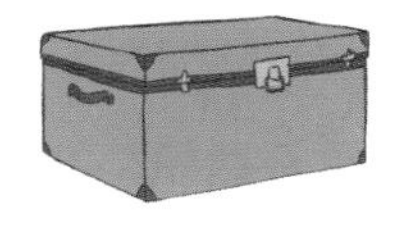

**传统行李箱**

它让我们可以重温早年旅人们的感觉。这类旅行箱的材质很高贵（真皮、木头、金属），让人无法拒绝，但在搬运时就比较麻烦了。

**行李托运**

乘坐飞机旅行时，最好把行李留在身边。这样既不用提前托运，旅行途中东西也一直在手边，到达后更不用在行李传送带那里苦等。可如果不得不托运，不妨在行李箱上加一个特殊的标记，这样取行李时更容易认出来。毕竟，行李箱与行李箱之间不能更相似了……

# 商务人士旅行箱的整理

## 西装外套

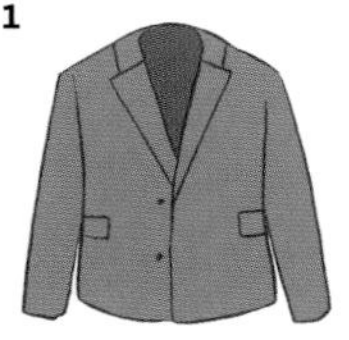


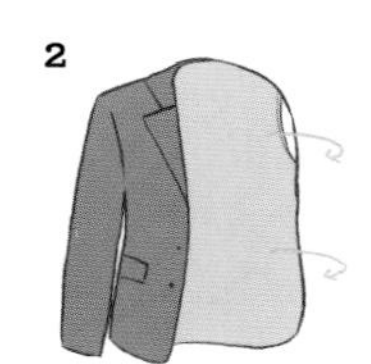


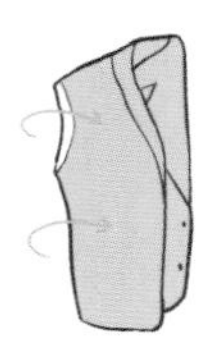


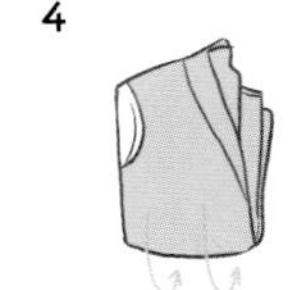


1. 将外套平放。
2. 从一侧肩膀处向后翻转，露出内衬。
3. 另一侧同理。
4. 将外套横向对折。剩下的就是把折好的外套平整地放进行李箱即可。

## 长裤

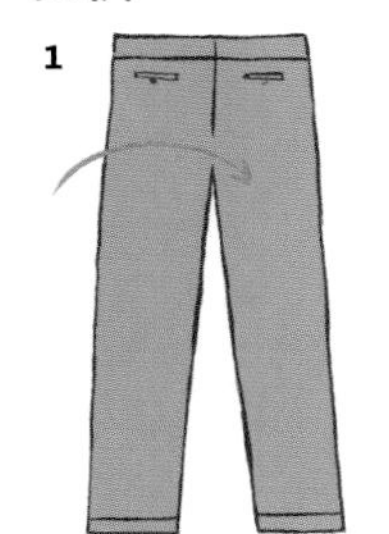


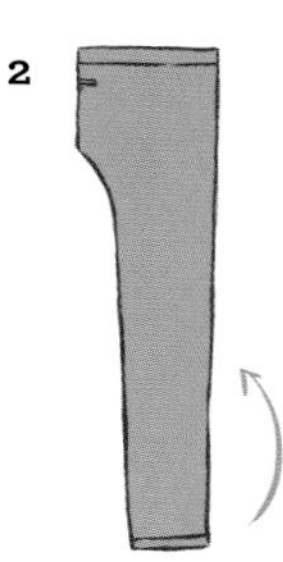


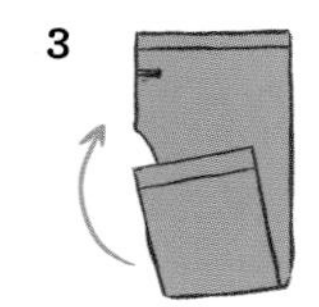


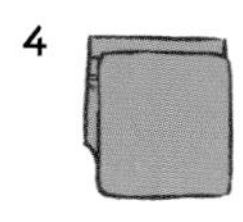


1. 将长裤平放。
2. 将长裤对折，两条裤腿对齐。对折的线应当是裤子的缝线。
3. 根据裤子长度与箱子大小将长裤横向折两折或三折。
4. 把折好的长裤放进行李箱中。

### 小知识

想更好地保护西装？把折好的西装放进密封的塑料袋中。袋子里的空气可以避免西装在箱子中受到挤压。

当然，你也可以用旅行专用的西装收纳罩。

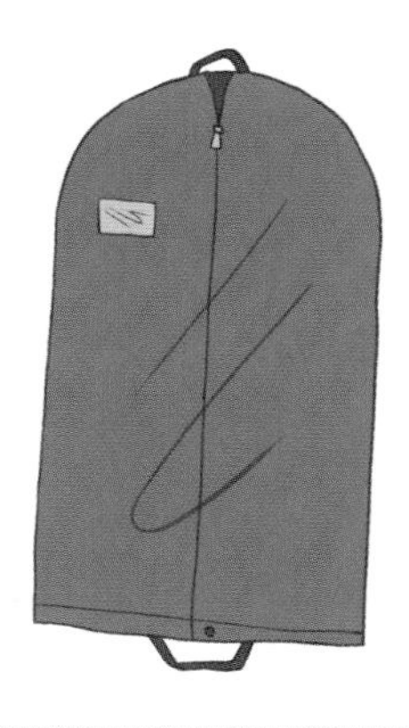

## 衬衫

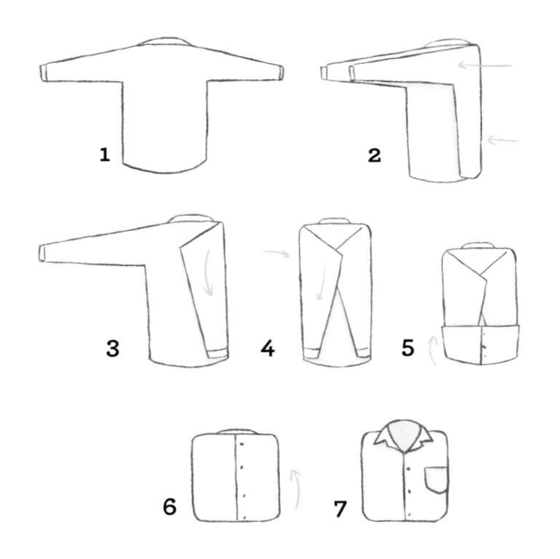


1. 将衬衫平放，背部朝上。
2. 将一侧往里折。
3. 将袖子顺着缝线往下折。
4. 另一侧同理。
5. 将下沿小小往上翻折。
6. 沿着中线再一次折叠。
7. 将整体翻过来，再放入箱子中即可。

**建议**

你可以将折好的衬衫颠倒着交替放入箱子中，避免压坏领子。

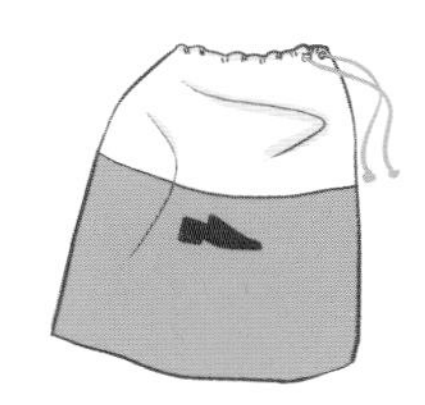

## 鞋子

鞋子可以单独放进一个帆布袋中，避免弄脏其他衣物。为了避免在旅行途中被压坏，可以预备塑料鞋撑或者往里头塞几双干净的袜子。

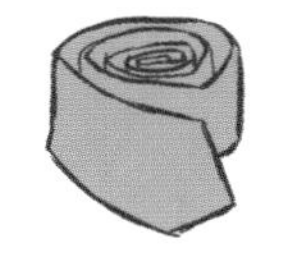

## 其他

- 袜子与内衣可以用来区隔其他衣物，还能让它们固定在自己的位置。
- 领带卷起，塞入衣服之中，可以起到保护作用。
- 睡衣、Polo衫、T恤与其他服装可以简单地折叠。
- 要带上机舱的液体需注意：每个容器的容量不得超过100毫升。可以将它们单独放在一个密封透明的塑料包里。

# 无忧旅行

长途的交通也不能成为你放弃原则、“陋”装上阵的借口。真正的绅士无论在地球的哪一端，都会保持优雅。

## 坐车时穿什么？

选择你感觉最舒适的旅行服装。

◎ 有些品牌推出了符合旅行需求的西装。使用特殊处理的抗皱羊毛纤维能让布料绝不起皱，随时看上去都跟新的一样。

◎ 放弃紧身窄管裤吧，必须选面料吸汗且不易起皱的：所以不要麻，要棉。

◎ 选择米色或小图案的休闲衬衫，营造一种冒险者的气质。Polo衫也可以——领子是保持优雅的关键。

◎ 别忘了随身携带一件套头衫，避免飞机或火车上的空调太强。折起来时，它还可以充当抱枕。

◎ 鞋子需要特别注意。在飞机上，脚会水肿发胀。为了在到达时鞋子依然合脚，你可以将漂亮的皮鞋收进包中，选择更舒适的鞋履：德比鞋、帆布鞋、干净的运动鞋……

◎ 袜子应该干净，状态完美。谁都知道睡觉时不穿鞋更舒服，但一位绅士首先考虑周遭人的感受。

## 带什么?

旅行时，手边有一些特定物品可以发挥不小的作用。

围巾，在空调太强时使用。

薄荷糖与湿纸巾，睡醒时使用。

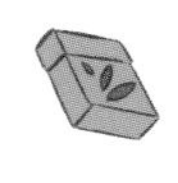

手机充电线与配套的插头。

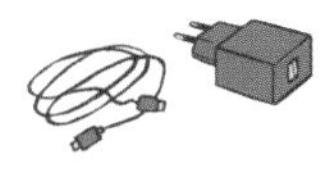

## 如何挂外套?

穿西装旅行时，我们总是不知道该如何处理西装外套。需要穿着它，还是脱下挂在哪儿？做法取决于你的交通方式。

**出租车**

外套可以折好，放在旁边的座椅上。如果旅程很短，也可以不必脱下。

**汽车**

外套可以平放在后备厢的隔板上，或是用衣架挂在靠枕或扶手上。

**自行车**

外套可以穿在身上或折好放在背包中。如果遇到下雨天，可随身携带雨衣与鞋套，保护西装。

**火车**

外套可以平放在头顶的行李架上。注意别让其他乘客把箱子放在上面。

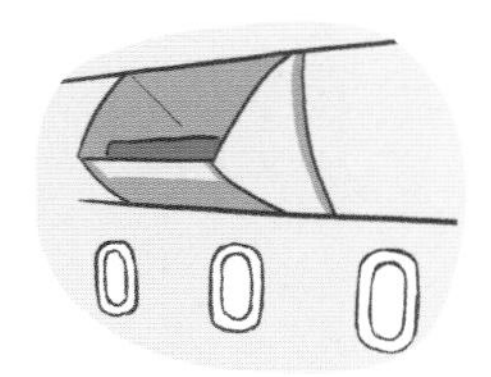

**飞机**

外套折好后放在头顶的行李舱里。同样也要注意请其他乘客别把行李箱放在上面。

# 从容旅途

太棒了，你如同大师一般完成了旅行前的准备。在到达之后，最重要的是享受……当然，要优雅地享受！

## 不在家也要熨衣服

虽然你已经很用心地打包，但衣服还是可能在旅途中受到颠簸、产生皱褶。以下提供了几个解决方案。

❁ 你可以把衣服挂在浴室，再洗个热水澡。热蒸汽能抚平扭曲的纤维。

❁ 可以携带小巧的手持蒸汽熨斗。它能轻松收纳到包里，是消灭衬衫与西装折痕的好帮手。将要烫的服装挂起来（别平放）后，就可以使用它了。

❁ 你还可以把服装交给酒店。通常当天晚上或第二天早晨就能收到处理好的衣服。

## 穿西装的 3 种方式

即便是出差，你也可以忙里偷闲，逛一逛这座城市。用西装来创造出一些休闲装扮是避免在箱子里塞太多衣服的好方法（避免被当成游客！）。

### ● 探索城市

这套服装很适合在城里散步闲逛一整天，尽情地探索。

● **暴风雨后的宁静**

在艰苦卓绝的谈判后，用这一套休闲西装来享受放松的时刻吧。

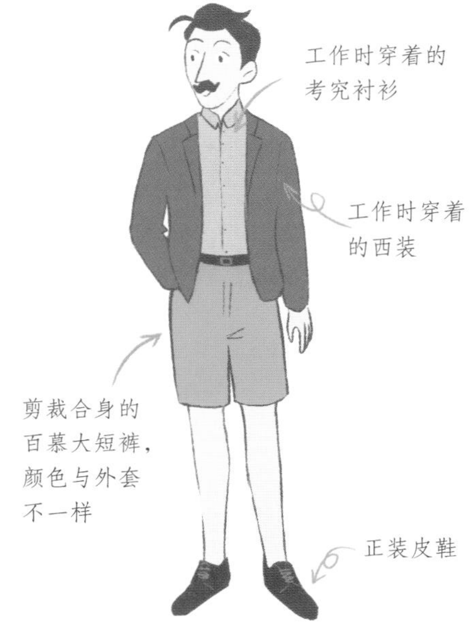


● **阳光下的休息**

这套装扮有一点大胆，与城中咖啡馆的露台是绝配。在这套衣服里，你甚至还能保留领带！

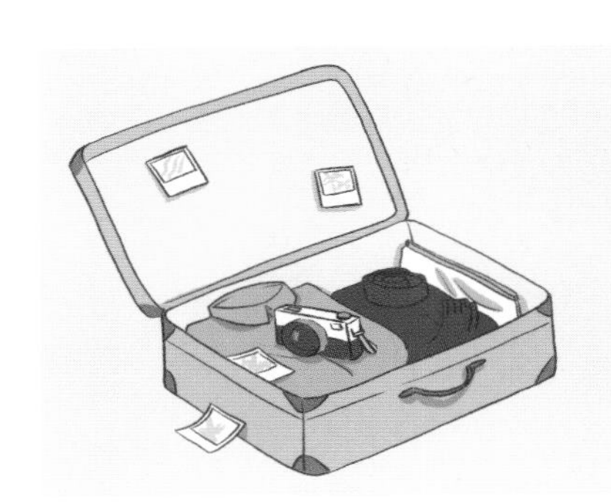

**两地来回**

你总是频繁往来于两地之间，但受够了老是拖着行李来来回回？有些酒店提供行李寄存服务。你可以把行李箱留在酒店里，下一次来时就能轻装上阵了。

# 8

# 超级衣橱

虽然商店里的衣服一件件都干净又整洁，但服装其实真的可以在一瞬间起皱、变脏，令人恼火。坦率地说，应该没人喜欢把时间花费在整理衣服上。不过，我们还是希望每天早上醒来，眼前的衣橱井井有条、满满当当。认真阅读这一章，再加上一点点决心，就可以让你体验到无需依靠别人便有超完美衣橱的成就感与满足感。

当然，你以后也还是会时不时忘记整理衣橱的这些大原则……

“一条干净的领带必定会沾到食物。”

——墨菲定律

# 永远保持干净

谁不曾假惺惺地说过自己很想认真洗衣服，但是洗衣机太烂，所以才懒得好好洗？当然了，这里有一定真实的成分。不过，只要花上一点时间学习，你会发现洗衣服比你想的要简单得多。

## 学习如何读懂标签

第一步是读懂服装上的水洗标到底说的是什么。这一点上，你需要把脏衣服按特点分类，才能选择正确的洗衣模式。你也可以按服装的颜色或面料来分类。

每台洗衣机都有最高负荷，需要严格遵守。塞入过量衣物会让洗衣效果大打折扣，并不能节省时间。有些洗衣机会根据放入衣服的重量自动调整洗衣时间。根据所有衣服中最脆弱的那件来选择洗衣模式。如果害怕衣服掉色，可以在滚筒里放入洗衣防染巾。它很容易买到。

## 选择程序

无论哪种洗衣机都少不了洗涤剂。按照环保要求与个人喜好来选择最合适的产品：洗衣粉、洗衣液、洗衣片……它们有时需要放在洗衣机的洗涤剂槽里，有时是直接倒在滚筒内。

**小知识**

洗涤剂倒得太多对洗衣服没什么大帮助。相反，这是一种浪费，还会损坏你的洗衣机和我们的地球。

洗衣机中有一个槽可以放柔顺剂，让衣服更柔软、芳香。不过，这种产品也可能引起部分人的皮肤过敏，让洗衣机内产生更多污垢，所以请节制地使用。

另一个相邻的槽是用来放预洗涤产品，只针对特别脏的衣服。反正你也不会穿着衬衫去徒步三百公里，所以它跟平日里穿的衣服毫无关系。

洗衣程序的选择是很关键的一环。根据服装的色彩或材质（纯棉、合成纤维）来选择。

在脱水环节，选择慢速（1000转/分钟），这样可以保护衣服，虽然甩干时间要更久一点。烘干是很棒的功能，这一点无可置疑，但它也有一些不足。请将它用来处理耐穿的服装。其他的可能会缩水或很快会损坏、磨损。这点只要看看过滤器上累积的纤维就知道了！

**建议**

最好在衣服洗完后立刻取出来。几个小时后，关在洗衣机里的潮湿衣服会散发出难闻的气味（这种情况只有一种解决方案：重新洗一遍）。因此，要在合适的时间来洗衣服。有些洗衣机提供预约功能，这对于工作繁忙的人来说就再理想不过了。

## 晾干

你的时间安排得刚刚好：衣服恰好洗完了，现在到了晾衣服的时刻。

你应当购入一个晾衣架。虽然它又占地方又不美观，但是必不可少。只有部分衣服不用晾衣架，如衬衫可以直接用衣架挂上。

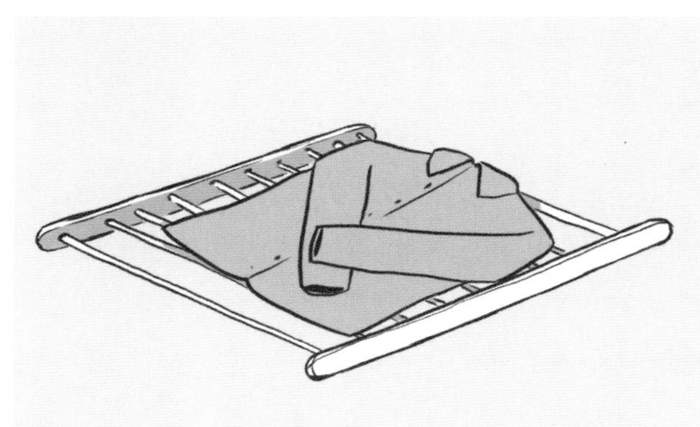

**脆弱的毛衣**

有些面料需要在洗衣和晾衣时格外注意。你的羊毛衫、羊绒衫必须用冷水机洗，甩干的转速要在400转/分钟。至于晾干呢？要把它们平摊在晾衣架上，如果铺在展开的干毛巾上会更好。

## 干洗店

前文中提到过有些服装沾水就会变形，特别是西装：内衬与面料的特殊工艺让它格外脆弱。把某些衣服放进洗衣机的那刻可能代表了它们命运的终点：纤维起皱，弯曲，变形……

处理这类衣服的唯一方法是送去洗衣店干洗。道理很简单：大型洗衣机使用特殊溶剂来处理污垢，而非传统的水加洗涤剂模式。虽然这些产品很有效，但它们对地球与洗衣员工却会产生危害。干洗次数过多对布料也会有负面影响：西装布料会磨亮，毛衣纤维变得脆弱。因此，我们要尽量减少干洗的次数。对于一套西装来说，一年干洗1到2次就大大足够。当然平日也要经常晾一晾透透气，再时不时给它一个蒸汽浴。

## 去除污渍

我们无法选择一件衣服什么时候被弄脏、被什么弄脏。无论发生什么意外，都必须快速、有效地处理。对此，祖母们总是有一大筐独门秘籍。想体验这种传统，参考下面列出的方法吧。

| 污垢种类 | 去除方法 |
| --- | --- |
| 红酒 | 用吸水纸迅速点点点，然后用浸满白醋与水的抹布擦，再把衣服放到洗衣机里（水温最高 30 摄氏度）。 |
| 番茄酱 | 抹掉番茄酱。把服装浸到冷水中，用马赛皂搓洗斑点，再把衣服放到洗衣机里（水温最高 30 摄氏度）。 |
| 口红 | 用白醋与水的混合物来搓洗斑点，再把衣服放到洗衣机里（水温最高 30 摄氏度）。 |
| 香槟 | 要赶紧处理: 用沾水的抹布擦拭，也可以加上一点肥皂。晾干后就没有痕迹了。 |
| 墨水 | 用浸满酒精的棉花点点点，吸满墨后换一块，再把衣服放到洗衣机里，低温洗涤就可以了。 |
| 油脂 | 用蒙脱石粉（药店里售卖的细腻黏土）撒在污垢上，放一晚。次日早晨，抹掉蒙脱石再放到洗衣机里。 |

如果衣服不能机洗，就拿去干洗。

## 如何避免在餐厅弄脏衣服?

在餐桌上，要时刻想着保护好自己的丝绸领带！把领带塞进衬衫里绝对不是失礼的行为。这样即便把衬衫弄脏了，还可以用领带来遮挡，救救急。真正的绅士应当有能力处理各种尴尬的场面。

# 衬衫的熨烫

在熨之前，注意熨斗里已经倒了软化水。把衬衫扣子解开，准备好衣架，熨完后立刻挂上。待熨斗温度合适后，就轮到你大显身手了。

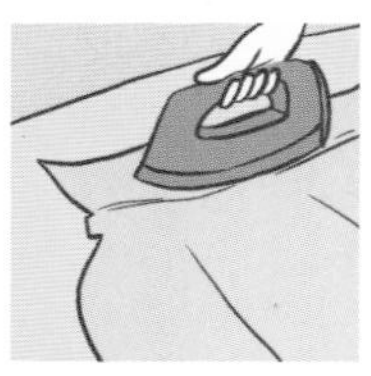

1. 从衣领开始：把领子放平，两面都要熨。然后把领子翻折好，再轻轻地熨一次，让折痕更明显。

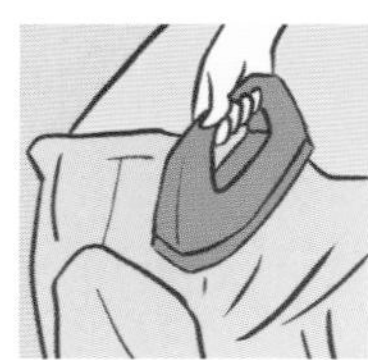

2. 然后是肩膀：把它放在烫衣板的一端，熨。然后再熨另一边。

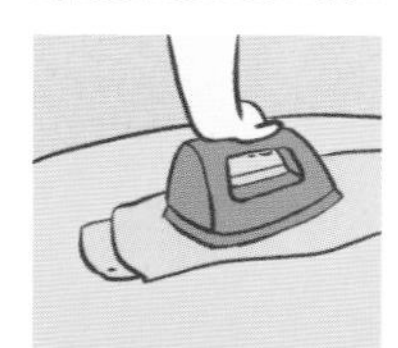

3. 接下来是袖子：把熨斗放在袖口里面，然后把袖子放平，避免产生小皱褶，熨。然后再熨另一边。

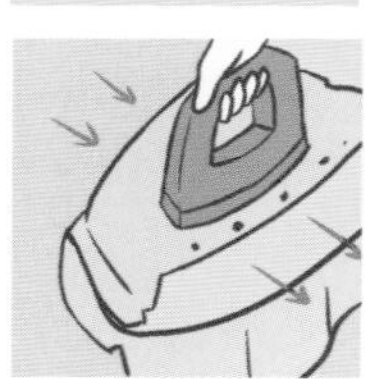

4. 最后熨衬衫的主体：把一边放平，肩膀固定在烫衣板的一头，熨。将衬衫缓缓地移动，把背部的一半熨完，然后再熨另一半。千万注意要避开扣子区域。

5. 如果熨出了皱褶，只要喷一点点水蒸气，再熨一遍该区域即可。最后，把衬衫挂到衣架上，扣上第一粒扣子。

**建议**

如果你只剩两分钟，那就只处理衬衫最显眼的部分：胸前、领子与袖口。不过这样的话，你一整天都不能把外套脱掉。

## 高效熨衣法

如果你的衬衫看上去像刚从收割脱粒机里取出来的，那再好看的衣服也没有任何价值。衬衫必须完美！和你想的不同，熨一件衬衫其实只要5分钟。你需要的是一个带蒸汽功能的熨斗与一点点熨衣知识。如果想在早上节约一点时间，那就在周日晚上选一部好电影，然后把所有衬衫熨一遍。

### 脆弱的衣服

有些材质，比如丝绸、羊毛、羊绒很敏感，需要格外注意。在可能的情况下，避免熨烫。西装在穿着时皱褶会自然地抚平，领带卷起来放在抽屉里也是。如果出席的场合要求衣服状态完美，那么你要做的第一件事便是好好阅读服装上的标签，将熨斗温度设置在正确的范围。然后在熨烫时垫一块湿布，避免损坏衣服。

## 一块湿布

1. 拿一块布，比如旧的床单或干净的抹布。
2. 用水沾湿，但水不要太多。
3. 把湿布平放在要熨烫的衣服上。
4. 正常地熨衣服，但熨斗不要在同一个地方停留太久。
5. 再熨衣服的另一面，注意布必须保持微微的湿润，不能干了。

**知识**

什么样的布能拿来做熨衣布呢？它必须足够光滑，这样才不会在衣服上留下各种痕迹，另外，它还不能褪色。

## 完美的皮鞋

每一次买皮鞋时，你都曾许下同样的承诺：一定要好好打理它。然而，事实是：旧皮鞋们一双双堆积在鞋柜的深处，难见天日。下面的文字应该能帮助你彻底实践对皮鞋的承诺。

### 上蜡

在开始之前 ，把报纸铺在桌子上作为保护。把所有工具提前拿出来，这样可以避免把鞋蜡弄得到处都是。

**工具**

- 旧报纸，保护桌子
- 鞋撑（可选）
- 皮鞋清洁乳膏
- 上蜡用的铲子或抹布
- 硬刷子
- 软抹布
- 与皮鞋颜色一样的无硅鞋蜡
- 绒布或亮皮刷

1. 把鞋带取下。用硬刷子把皮鞋上的浮尘去掉。

2. 用抹布与清洁乳膏将皮鞋擦一遍。这一步可以去除旧的鞋蜡，让皮鞋得到滋养。

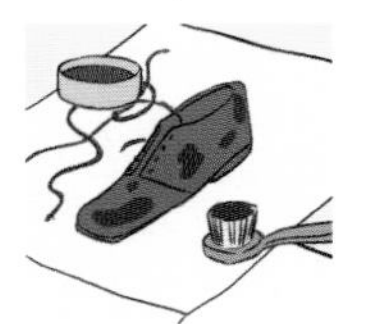

3. 用铲子或抹布在皮鞋上抹上鞋蜡，轻轻按摩，让鞋蜡渗透。在接缝处与折痕处刷久一点。

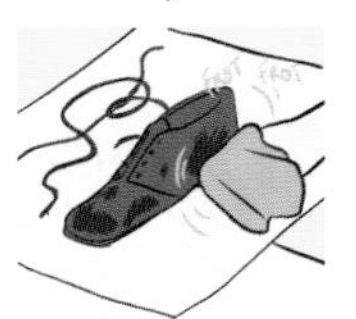

4. 用绒布或亮皮刷让皮鞋更闪亮。

5. 把鞋带穿好，将皮鞋放好，把工具收起来，留待下次使用。

# 镜面处理

镜面可以让皮鞋有一种漆皮的光泽感，但只适用于皮鞋坚硬的部分。如果用在已经形成褶皱的部分，很可能会产生龟裂。注意，镜面处理无法抵御雨水。

**材料**

- 软抹布
- 与皮鞋同色的无硅鞋蜡
- 一碗温水

没有镜面

有镜面

1. 提前准备好鞋蜡与一碗温水。
2. 在皮鞋上滴几滴温水，再用鞋蜡轻轻按摩。
3. 重复上一步骤。
4. 重复上一步骤。

……

138. 重复上一步骤。现在，你明白其中的奥秘了：镜面处理——尤其当我们是新手时——需要花费将近20分钟。告诉自己：你的皮鞋即将变成世界上最完美的皮鞋！然后加油吧……

**知识**

镜面只适用于已经完全上好蜡的皮鞋。

# 拯救泡水的鞋

大雨瓢泼，你一个不小心，一脚踩进水坑，水流入了你的皮鞋，连袜子都湿个彻底……这类意外无法避免。但当发生之后，我们要遵循以下的步骤处理才不至于让皮鞋报废。

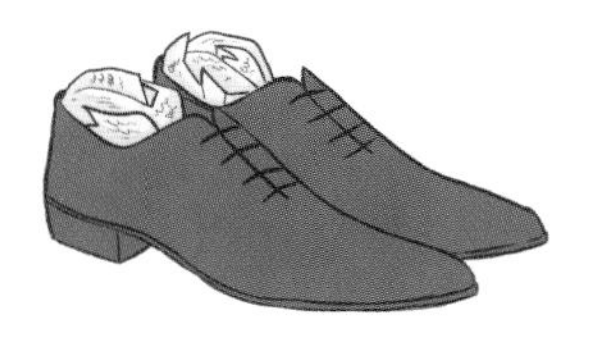

正在处理的皮鞋

1. 在鞋子里塞入报纸或吸水厨房纸用来吸水。尽可能地多重复这一步骤。
2. 务必让鞋子远离一切热源，避免造成皮质的损坏——这是无法挽回的。
3. 当鞋子彻底干燥后，用上一页的方法上蜡。

# 井井有条的衣柜

如果每一天早上都要翻箱倒柜寻找要穿的西装或领带，那真的太糟糕了！即便从一百件衣服里找到了想找的，它可能也布满各种皱褶，无法穿戴。因此，有一个井井有条、秩序分明的衣柜能让我们的生活简单很多，为手忙脚乱的清晨节省时间。

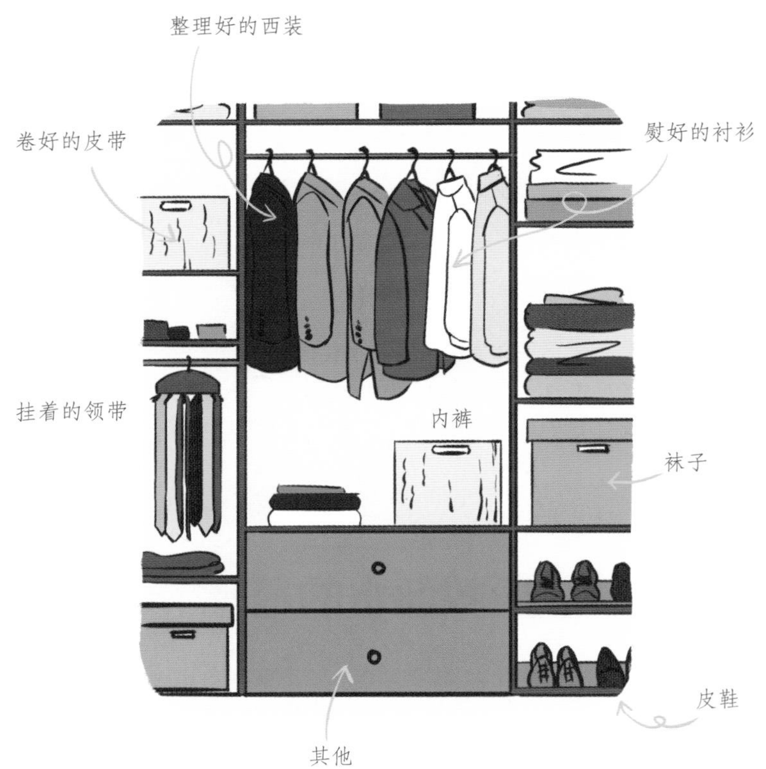


## 西装

将西装用衣架挂起来。裤子可以对折，搭在衣架下的横杆上，外套套在外面。衣架的架子要比较粗，足以支撑西装的肩部。西装与西装之间留出一点位置，让布料可以呼吸、透气。

## 衬衫

衬衫应当挂起来。如果已经提前熨好，那更为早上节省了时间。

## 领带

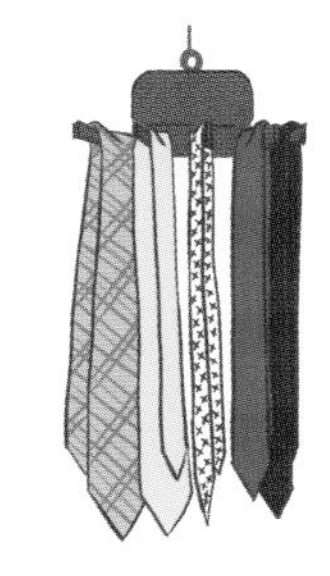

领带的收纳有几种方案。你可以把它们挂起来；有些特殊的领带收纳架可以转动，允许你更方便地挑选。你也可以将领带卷起来，这样能有效避免皱褶的产生。

## 皮带

和领带一样卷起来就行，很简单。

## 皮鞋

第一步是脱下鞋子。别忘了要解开鞋带，避免对鞋跟处造成不可逆的“屠杀”。然后，一定不要直接用脚将鞋子甩过去，让一只堆在另一只上——虽然这么做的确感觉很痛快。最好把皮鞋整整齐齐地平放，摆在一起。

鞋楦可以撑起皮鞋，避免产生不优雅的折痕。

**小知识**

不上漆的雪松鞋楦是吸收一整天留在鞋子里的汗液的最好工具。这样就不用担心鞋子的臭味了……

## 其他服装

毛衣可以折叠后收好。T恤、Polo衫、睡衣、运动服等都可以这么处理。袜子成对折好，放在内衣旁边。

# 附录：实用店铺

以下这些网址/地址可以帮助你做一名优雅绅士。从成衣到定制，你一定可以找到最适合的。当然还有很多店铺与品牌值得我们分享，但你现在已经拥有了发现它们所需的全部知识，不用担心上当受骗了。

## 西装

**Boggi Milano**
意大利风格的帅气西装。
www.boggi.com

**De Fursac**
法国品牌，西装剪裁精良，适合职场与婚礼。
www.defursac.fr

**Faubourg Saint Sulpice**
特别设计的结婚礼服系列。
www.faubourgsaintsulpice.fr

**Hackett London**
真正的英伦风，西装的选择很多。
www.hackett.com

**Jonas et Cie**
一间小小的西装店，让你拥有总统一般的风度。
www.jonas-et-cie.fr

**Les deux Oursons**
礼服租赁店。
www.lesdeuxoursons.com

**Paul Smith**
高档西装，有专门为苛刻旅客设计的系列。
www.paulsmith.com

**Suitsupply**
剪裁很好，价格适中，选择很多。
eu.suitsupply.com/fr

**Samson**
定制西装。
www.samson-costume-sur-mesure.com

**Sandro**
剪裁优雅。
fr.sandro-paris.com

## 衬衫

**Alain Figaret**
高品质正装衬衫的专家。
www.figaret.com

**Charvet**
奢侈衬衫领域历史最悠久的制造商。
28, place Vendôme – 75001 Paris

**Hast**
选择很多，性价比极优。
www.hast.fr

**Le Chemiseur**
定制衬衫领域的新电商品牌。
lechemiseur.fr

**Office Artist**
上班穿着的优质衬衫。
www.office-artist.com

法国随处可见的成衣品牌（Celio、Zara、H&M、Jules、Devred、优衣库）有时会推出价格低廉的不错产品：纯羊毛西装，纯棉衬衫……

## 领带

**Bruce Field**
法国品牌，选择很多，质量优异，价格平易近人。
www.brucefield.com

**The Nines**
选择很多，价格适中。
www.thenines.fr

**Howard's**
纯手工制作的领带，面料很漂亮。
www.howards.fr

**Hermès**
纯手工制作的真丝领带，浓缩了法国奢侈品的百年工艺。
www.hermes.com

## 鞋袜

**Berluti**
传奇的法国品牌，只做最完美的鞋履。
www.berluti.com

**Bexley**
性价比超高的鞋履。
www.bexley.fr

**J.M. Weston**
历史悠久的法国制造商，生产高档鞋履。
www.jmweston.fr

**LodinG**
质量好的经典款。
www.loding.fr

**Mes chaussettes rouges**
质量好的漂亮鞋履。
www.meschaussettesrouges.com

**Rudy's**
选择多，款式经典，价格平易近人。
www.rudys.paris

## 配饰

**La Garçonnière**
满足男士与他们生活的一系列产品。
www.la-garconniere.fr

**Le Colonel Moutarde**
提供最多的领结选择。
www.lecolonelmoutarde.com

**Le Flageolet**
法国制造的领结。也提供定制服务，让新郎与伴郎风格协调。
www.leflageolet.fr

**Le Tanneur**
法国皮具商，有文件包、卡包、旅行包……
www.letanneur.com

**Lip**
成立于1867年的法国钟表品牌，现在重新出发。有些款式是不过时的经典。
www.lip.fr

**Pochette Square**
口袋巾的专家，有很多材质与类型可选。经常有新品。
www.pochette-square.com

## 保养与剃须

**Barbe Chic**
这个博客有你想知道的关于胡子的一切，还有在线网站。另外还有全法国的剃须店地图，方便找到离你最近的店面。
www.barbechic.fr

**BHV Homme**
新推出了男士产品系列。
36, rue de la Verrerie, 75004 Paris

**Big Moustache**
高品质的剃须刀片一月一送，不用再担心忘记购买了。
www.bigmoustache.com

**Comptoir de l'Homme**
一大堆男士专用品：剃须刀、保养品、香水等。
www.comptoirdelhomme.com

**O'Barbershop**
想寻找剃须产品的男士不要错过这个网站。
www.obarbershop.com

**Schorem**
欧洲最有魅力的剃须店，有自己的独家产品。
https://schorembarbier.nl

## 行李箱

**Bleu de chauffe**
年轻的品牌，提供法国制造的软旅行包。
www.bleu-de-chauffe.com

**Delsey**
法国企业，提供很多产品，耐用，有设计感。
www.delsey.com

**Samsonite**
前者的竞争对手，有很多高品质的旅行箱。
www.samsonite.fr

**Victorinox**
瑞士品质的旅行箱，也生产刀具。
www.victorinox.com